中公新書 2375

酒井邦嘉著

科学という考え方

アインシュタインの宇宙

中央公論新社刊

はじめに

「いちばん大切なものは、目に見えないんだよ」
サン＝テグジュペリ（『星の王子さま』より）

科学が対象とする自然界の現象の中には、クォークやブラックホールのように、どんな実験装置を使っても直接は目に見えないものが含まれている。また、現象が目に見えても、そのからくりが見えるとは限らない。科学的な思考を用いないと、目に見えないものが文字通り盲点になったり、目で見える通りの表面的な説明で片付けられてしまったりする。まして、見えない「法則」を探り当てるとなると、論理を超えた考え方が必要になる。

自然現象を理解したり、技術として利用したりするには、人間の限界がある。自然の摂理を人為的に制御できると驕《おご》ったとき、想定外の事態に直面することになるだろう。加えて、検証や再現のできない実験が社会を揺るがすような事件も、残念ながら度々生じている。成果の極端な偏重により、実利の尺度からのみ研究成果を評価するようになれば、科学という繊細な花は萎《しお》れてしまうだろう。

しかし、科学者が謙虚に自然現象の謎を解き明かして、「法則」に対する認識を深めるとき、法則の先にある奥深い世界がとらえられる。そして、それまで無関係だと思っていた複数の法則が、多様に見える自然現象の異なる表現であって、実は相互に関連し合っていることが分かれば、一段深いレベルでの理解に達したことになる。そうして法則相互の関係が説明できるようになったとき、自然は全く新たな形で人々の前に現れるだろう。

科学は楽しい。これが科学者を含め科学を支える人たちに共通した動機であろう。科学の醍醐味《だいごみ》の一つに、全く別物のように見えることが有機的に結びつくという面白さがある。例えば、運動に関する法則が「光」という電磁気の現象と結びつくところに、相対性理論が生まれたのだ。そうした組合せの妙は、創作やアイディアの源泉として、学問や芸術のあらゆるところで役立っている。

本書は、科学の勘所や最新のトピックスに触れながら、「科学という考え方」を紹介する。高校生以上の読者を想定して、専門知識を前提とするような説明はできるだけ避けるようにした。☆を付けた部分は読者への課題として残してあるので、紙とペンを使いながら考えていただきたい。

本書よりも発展的で数式を含む部分と、本書の第8講に続く第9講〜第11講は、姉妹編『高校数学でわかるアインシュタイン——科学という考え方』(東京大学出版会、2016年)

として刊行されている。より理解を深めたい読者は、各講毎に2冊の本を並行して読むことを勧める。

本書では索引を充実させた。索引に載せた用語や人名（本文でも原則として敬称は略した）は、初出時や特に説明を加えたところで太字にしてある。読み進めていくうちに用語に疑問を感じたら、索引を使って前出のところに戻ってみるとよい。また、索引を利用して1つの用語を順に追っていけば、理解が徐々に深まるようにしてある。本文に張り巡らされた伏線は、この索引を使いこなすことで明らかになるだろう。

いわゆる頭のよい優等生は、多くの知識をできるだけ効率よく得ようとするため、学習量が増えるほど驚きや意外性が減る恐れがある。そして、高校や大学で求められる学習の「範囲」を超えることに躊躇《ちゅうちょ》するだろう。ところが、難しそうなことにも勇気を持って取り組み、自分の頭で考えて分かった時の達成感や爽快感は、何物にも代えがたい格別なものだ。そうした体験を通して科学の醍醐味に一度取り憑《つ》かれたなら、さらにその先を理解したいと願うことだろう。これは、実際の科学研究を支えている主要な動機なのである。

科学研究では、科学の流れを変化させること、特に流れを加速させたり、流れの向きを変えたりすることが「発見」とされる。しかし、そこで立ち止まって発見の断片をつなぐ作業や、その発見に必要な条件を吟味し直すことは、残念ながら第一線の仕事とは見なされない傾向にある。そして、大学の4年間で「分かったつもり」になって駆け抜けないと、最先端の研究に向かっていけないかもしれない。すると、試行錯誤の歴史をたどりながら研究の流れのすき間を埋めて理解したり、味わったりすることは後回しになってしまう。本書では、断片的にとらえられがちな基本法則や概念を、テーマごとに有機的につなぎ合わせることに専心した。基本的な科学の考え方や、流れをつかむセンスがしっかり身に付いていれば、科学のどんな分野でも迷子にならずに済む。生物学はもちろん、著者のように脳科学や心理学、そして言語学の方面に進んだとしても、物理学の考え方、例えば因果関係に対する深い理解が必要となることは、特に強調しておきたい。

科学という考え方の「本物」を直に示すため、できるだけ加工のない1次資料を引用するように努めた。引用箇所はそのページを載せたので（pp. は複数のページを示す）、興味を持たれた読者は、オリジナルの本や論文で前後の文脈を補っていただきたい。なお、訳者名を記したもの以外は、すべて引用者による訳であり、［ ］内は特に断らない限り引用者の注釈である。図解については、前著やその他の文献から引用したものもあるが、多くは本書のために大塚砂織さんに描き下ろしていただいた。エスプリの利いたイラストを描いていただいたことに御礼を申し上げたい。

本書に関わる最初の準備は、東京大学教養学部の1、2年生を対象として開講した文理共通の選択総合科目「科学という考え方」（２００９－11年度）だった。この講義は、理系必修講義として担当していた「力学」（２００６－14年度）の内容を発展させたもので、自由にテーマと内容を選んだ。準備の第2段階は、朝日カルチャーセンター新宿教室の講座「科学という考え方」（２０１４年７－９月期、10－12月期）であった。この講座は文理を問わず一般の受講者を対象としたもので、19歳から80歳代までの幅広い参加者があり、たくさんの質問や意見をいただいた。その受講者の一人、東京大学教養学部３年生の吉田仁美さんには、最初の原稿に目を通して分かりにくい箇所を指摘していただいた。また、前東京大学教育学部附属中等教育学校副校長（物理）の村石幸正先生には、物理教育の現状を踏まえて、原稿の細部に至るまでコメントをいただいた。この場を借りて厚く感謝したい。著者自身、分かりやすい説明を工夫しているうちに、自然の奥深さが垣間見えるように感じたことが幾度となくあった。その思いを読者と共有できたなら、望外の喜びである。

終わりに、本書の編集を担当いただいた藤吉亮平さん（中公新書編集部）と郡司典夫さん（中央公論新社学芸局長）、そして本の製作スタッフの皆様に心よりお礼を申し上げる。

平成28年2月　東京・代々木にて

著　者

目次——科学という考え方

第1講　科学的な思考について

大学で物理学を教えていると、学生達から「どうして物理に数学が必要なんですか？」とか、「生物学方面に進みたいのですが、物理は必要ですか？」といった質問を繰り返し受ける。たとえ数学・物理・生物などの分野の違いがあったとしても、科学はあくまで一つであり、すべて関連しているということを私は強調したい。科学の発見に対する個々の「着想(idea)」だけでなく、どの分野にも共通するような「考え方(ideas)」に注目してみよう。

自然科学の原則

「科学（サイエンス）」とは、物事の真理を明らかにする学問である。科学と関連した中国の言葉に「格物」があり、日本語では「物に格《いた》る」と読む。これは物事の理《ことわり》を追究するという意味であり、後の西洋科学も中国では「格物」と呼ばれた。その心は、物事の奥義《おうぎ》を明らかにするという科学の大原則である。

自然科学（自然現象に関する科学）はギリシャ時代の芽生えを経て、近代科学の誕生以降（今からおよそ400年前）、理論および実験上の数々の発見によって発展してきた。その発展を支えたのは、「仮説と実証」、あるいは「理論と実験」の緊密な結びつきだった。理論的な仮説が実験の可能性を広げ、新たな実験結果が理論のさらなる開拓を促してきたのである。

また、原理と法則（第2講）を基礎とする物理学の方法論は、自然科学はもちろん、人文科学（人間に関する科学）にも大いに役立つ。「**自然法則（natural laws）**」に対する深い理解があれば、特異な例を一般化してしまったり、例外に惑わされて一般化できなくなったりするような失敗が避けられよう。科学は単なる知識の集積ではない。新たな法則を発見するためにも、知識より「理解」の方がはるかに大切である。大事なのは「知るより分かる」という原則だ。

そして、科学が扱う問題の多くは、論理的な思考力を培うための糧《かて》となる。実際、一見単純だが奥深く、そして実際に解ける問題が、物理にはたくさんある。「自然界の謎は、人知で解きうる」という確信、あるいは信念があって初めて、人間や社会のように難しい問題にも、ひるむことなく向かって行けるだろう。

本書のねらいは3つある。

第1に、法則を発見するという創造的な過程に光を当てたい。仮説検証型の科学研究で基本となるのは、「起承転結」とよく似た「仮説・検討・着想・検証」の流れである。まず未知の問題に対する仮説が起点となり、それを承《う》けて問題の検討が行われる。転じて新たな着想が、それまであった困難を解消してくれることが分かる。最後にそれを検証して実を結ぶのだ。こうした過程の実例から、発見に必要な思考の素過程が明らかになるだろう。

第2に、数学を超えた物理法則の意味を明らかにしたい。数学と物理学の関係は、言語学と文学の関係に似ている。文学は言葉の芸術であるから、言葉の特性や制約に影響を受けることは確かだ。同様に、物理学は数学の特性や制約を反映する。しかし言語学の応用で文学作品が生まれるわけではないように、数学の応用で物理学が導かれるのではない。優れた文芸作品では人間に対する深い洞察が加味されるのと同様に、物理法則には自然に対する深い考察が反映される。

第3に、「科学的認識」を通して、物理学から脳科学への道筋を追究したい。人間が持つ世界観や自然科学的な見方は、当然ながら脳の持つ生物学的な制約を受けている。認識や思考のメカニズムを探ることは、人間に対する深い理解につながるに違いない。

本書では、法則発見の歴史的な経緯を重視しているが、必ずしも科学史的な記述を目指したものではない。むしろ、それまでの歴史を変えるような革命的な仮説やアイディアがどのように生まれ、検証されてきたかを重視した。この精神は、パウリ（Wolfgang Pauli, 1900-1958）の講義録を編纂《へんさん》したC・P・エンツの次の言葉に通じる。「パウリの講義は歴史的発展を重視し、これは公理主義的なやり方とはよい対照をなしている。現代物理学の創造者の中で最も理性の人であったパウリは、歴史上新しいアイディアが生れてくる非合理的な背景に魅せられていたのである。これが彼の講義が時代遅れにならない理由である」(1)。

実際、革命的なアイディアには「非合理的な背景」があり、常識を超えた「意外性」がそこにはある。例えばアインシュタイン（Albert Einstein, 1879-1955）は、光の速度が地球の公転によって影響を受けないという実験結果を知らなかったらしい（第5章）。結果に合うように「合理的に」相対性理論を作ったのではなく、たとえその帰結が常識に反するものであろうとも、自らの思考を貫いたのだった。

理解度に合わせた目標

本書のような科学の本を読むときに大切なことは、現在の自分の理解度に合わせた適切な目標を設定することである。

初級者は、分かることを少しずつ増やしていき、科学的に考えて楽しむことを目標としたい。ジグソーパズルと似ていて、全体像がつかめてくると、断片的に残った疑問が解決しやすくなるものだ。そこで、気になる所に付箋をつけたり、「?」などのマークを書き込んだりして、行きつ戻りつ考えながら読んでみるとよい。

中級者は、今まで難しいと思って避けていた問題が分かる、ということを目標としたい。例えば、相対性理論はその典型であろう。私の講義を受講した学生が、「この授業をとってなかったら一生(?)相対性理論を理解することはなかったであろうと思うと恐ろしい気さえする」と感想を書いていた。

上級者は、法則に隠された「様式美」を味わって、より深く統一的な自然科学の解釈をめざすことを目標としたい。法則の意味が分かってくると、自身の美的感覚が研ぎ澄まされたように感じるだろう。また、法則に秘められた深い意味を自分の言葉で説明できるようになることは、研究者に必要な能力である。

科学的な思考力を身につけるには

高校までの数学や理科では、「公式」を覚えることが優先されがちであり、実際に公式を使って問題を解くことが求められる。しかし、式に具体的な数値を代入するだけの計算問題や基本問題をどんなに繰り返しても、それだけでは肝心の「科学的な思考力」がなかなか身につかない。なぜなら、科学的な思考とは、法則を導いていく過程や、法則が成り立つ範囲を正しく理解することにあるからである。

また、いったん公式を覚えてしまうと、その公式に対する疑問が封印されがちだ。科学的な思考力は、記憶力や計算力とは別であり、ドリルとは別の方法で培っていく必要がある。科学的な思考力を身につけるための確実な方法があるとすれば、「納得いくまで自分で考える」ということに尽きる。「どうせ考えても自分には無理だ」とか、「時間がかかって無駄だ」などと投げ出すことなく、自分が分かるまで考え続ける。そして研究者になるためには、十代のうちからそうした考える経験を積むことが大切である。

自然法則と人間

自然法則は、果たして人間とどこまで関係するのだろうか。もちろん、自然界の現象は人間が法則を発見するかどうかに関係なく生じているし、人工的な技術で自然法則そのものを変えられるわけではない。それでも、自然法則が自然に対する人間の認識を反映していることは確かなのである。アインシュタインは次のように述べている。

「科学は法則のコレクションや、関係のない事実のカタログのようなものではない。科学は人間の知性による一つの産物であり、自由に創られた考え方や概念を伴うものだ。[2]」

自然法則に神秘を感じると、それを「神の法則」と呼びたくなるかもしれない。しかし、いかなる法則も科学の進歩によって修正される可能性があるから、それは正しくない。もし地球以外の星に宇宙人（知的生命体）がいるならば、人間が発見してきた自然法則と同じものを見つけているのだろうか。そもそも、宇宙人の知性を司るものが仮に「脳」だとしても、それが人間のものと同じような構造と機能を持つとは限らないではないか。

人間の脳は、地上の環境に適応していく進化の過程で、偶然の遺伝子変異を幾度となく伴って変化してきた。宇宙人は、人間とは全く異なる視点と思考で法則を発見している可能性がある。しかし現在の科学では、残念ながら人間以外の動物と人間の違いすら解明できていないので、[3]宇宙人の知性を科学的に調べられる保証はない。また、仮に宇宙人が人間より高い知性の持ち主だったとしても、友好的かどうかは全く分からないだろう。

物理と数学の幸福な関係

ここで、本章の冒頭で述べた「どうして物理に数学が必要なんですか？」という質問に答えよう。

まず、多くの場合、物理法則は数式で表されるので、数学の知識がなければ法則の意味する所が分からない。しかし、数学の知識が増えれば物理も自然に分かるようになるわけではないので、数学と物理は両方学ぶ必要がある。

科学の発展には非合理的な面があると述べたが、科学の基礎に「論理的な思考」があることは動かない。数学で培われる厳密な論理展開と論証法は、科学一般に必要な素養である。実際、論点が飛躍したり、場合分けを見落としたりすると、致命的な欠陥となる。

アインシュタインは、女子中学生からもらった手紙に、「数学で苦労していることを気にしてはいけません。私のほうが数学でもっと苦労していることは確かですから(4)」と返事している。**ガリレオ** (Galileo Galilei, 1564-1642) は、次のように述べた。

「哲学は、眼のまえにたえず開かれているこの最も巨大な書 (すなわち、宇宙) のなかに、書かれているのです。[中略] その書は数学の言語で書かれており、その文字は三角形、円その他の幾何学図形であって、これらの手段がなければ、人間の力では、そのことばを理解できないのです。(5)」

ここでいう「哲学」は自然哲学、つまり自然科学のことである。「数学の言語」には、幾

何学（図形や空間の性質から発展して抽象化された点・線・距離などを扱う分野）だけでなく、**代数学**（整数論など、代数系という集合を扱う分野）と**解析学**（微分積分学など、極限や収束という概念を扱う分野）を加えた方がより正確だ。

ガリレオからさらに遡ると、すでにベイコン（Roger Bacon, 1214-1294）は、1267年の『大著作』の中で、「すべての学問が数学を必要とすることが理性によって証明される」と述べている。13世紀当時の西洋の学問体系では、理系教養科目が算術・幾何学・天文学・音楽の「四科」で、文系教養科目が文法・論理学・修辞学（レトリック、言語表現の研究）の「三科」だった。ベイコンの証明は決定的とは言い難いが、いくつか抜粋してみよう。

「1　他の諸学問が数学的な例示をいくつか使っていることである。

2　数学的なものの認識はいわばわれわれにとって生得的なことである。

3　この学問［数学］は哲学のあらゆる部門のうちで最初に発見されたことである。

4　われわれにあっては、より容易なものからより難しいものへ至る道筋が本来的だからである。しかるに、この学問［数学］は最も容易である。それは誰であれ、人の知性を避けることがないことからもこのことは明白である。

［中略］

8　疑惑はすべて確実なものによって知られるし、また誤謬《ごびゅう》はすべて堅固な真理によって無効とされることである。しかるに数学において、誤謬のない十全な真理へ、また疑惑のない万物の確知へわれわれは到達することができる。というのは、そこにおいては、固有の必然的な原因を通して論証がなされており、論証は真理を認識させるからである。(6)」

特に最後の点は、数学での論証の意義を端的に表している。また、数学的な認識は「生得的」だとあるが、数学は人間に生得的に備わった言語能力に支えられていると私は考えている。

とは言え、数学の能力には個人の資質も関わるだろう。ファインマン（R. P. Feynman, 1918-1988）は、「数学を知らない人に、自然の美、その最も深い美に対する本当の感動を分からせることは難しい(7)」と言う。特に数学の美的センスを重視したディラック（P. A. M. Dirac, 1902-1984）は、「基本的な物理法則が極めて美しく、そして強力な数学理論によって記述されるのは、自然の基本的な性質の一つであろう(8)」と述べている。

さて、数学の理論の出発点は、用語の厳密な定義である。概念があいまいなままでは厳密な証明ができないから、その必要性は明らかだ。この基本は物理学も同じである。しかし、物理学上の概念には、その定義や実在が未知のまま使われる場合もある。仮説検証型の科学である以上、これはやむを得ないことなのだ。

文系の分かり方、理系の分かり方

人間の本性《ほんせい》や文化を研究する分野を「人文科学」と言うが、英語では humanities であって「科学」という言葉が付くわけではない。一方、自然現象を研究する分野は「自然科学(natural science)」と言う。両者は、いわゆる「文系・理系」に対応する。「人間科学(human science)」は、人間そのものを対象とする科学であって、両方の分野にまたがっている。

自然科学では、重要度の評価を除けば個人の嗜好はできる限り排除される。ケプラーの法則(第3講)は好きだがニュートンの法則(第4講)は嫌いだ、などということは話題にさえならない。ベートーヴェンの曲は好きだがブラームスの曲は嫌いだ、といった好みは科学と無縁だ。

確かに文化や芸術作品に対する各人の解釈は、ある程度の幅まで許される。科学にも、同一の自然現象であっても解釈が大きく分かれるケースは確かにあって、理系に主観的な見方が無用だということではない。むしろ理系の分かり方は、文系の分かり方に負けず劣らず「人間」に依存する、というのが本当のところであろう。

理系では一つの答を追究しようとするため、その答が分かるかどうかが明白だが、文系ではたいていの場合答が一つとは限らないというのが一般的見方であろう。社会や経済の問題は常に複雑であり、議論の場で正論が通らないことも多い。また、文系が考え方の多様性や個性の違いを重視しがちなのに対して、理系はむしろ人間の心の共通性・普遍性を基本に据えようとする。ところが実際は、理系でも答が一つとは限らないことがあるし、基本的な問題に対しても激しい論争が存在するのである。そこで、文系と理系の違いに拘ることなく、思索を深めて物事の理《ことわり》を分かることに専念したい。

「分かる」ための4段階

「分かる」と一口に言っても、じっくり論理的に考えて分かる場合だけでなく、ひらめきや直感で分かることもある。また、「分かるか分からないか」ということがたいてい自覚できる。そして、自分の思考過程を論理的に言葉で表すことが可能な場合と、そうでない場合がある。

この「分かる」という感覚は、習得の段階でとても差が出やすいので、次の4段階に分けてみた(図1-1)。これは前述の「理解度に合わせた目標」にも関係していて、自分の現状がどれに当てはまるか自身で把握しておきたい。

まず「初級者」は、自分でどこが分からないのかが分かっていない。そのような人に対して、「どこが分からないの？」と尋ねてはいけない。

この状況での対処法は、「困難の分割」である。難しいことをいくつかに分けて、その一

１－１　「分かる」ための４段階

つひとつが分かるかどうか検討することだ。そうすれば、どこまでが分かって、どこから分からないかがはっきりしてくる。

学問の進め方を具体的に考察したデカルト（René Descartes, 1596-1650）も、「むずかしい問題のひとつひとつを、できるだけ多くの、しかもいっそううまく解決するために要求されるだけの小部分に分けること」(9)を勧めている。

次に「中級者」は、大方分かったつもりでいても、まだ分かっていない部分が相当あることには気づいていないものだ。その分、初心者の時の漠然とした不安感からは抜け出している。ただし、人に聞いたり検索したりして得られた知識は、基本的に受動的なものなのだ。分かるためには、納得いくまで自分で能動的に考えて、咀嚼《そしゃく》し直すしかない。回り道を厭《いと》わず、繰り返し本を読んで考える以外に近道はないのだ。学問に王道はない。

そして「上級者」は、個別のことは分かっていても、それらの関係について分かっていないことが多い。一見異なるようなことの間に、それまで見えなかった関係性が分かると、一段と深い真理が垣間見えてくる。学問の魅力はそこにある。

最後に「名人」の域に達すると、分かることの中に、いくらでも奥深い理が含まれていることが分かっている。どんなに究めても、その先に更に究めるべき世界が広がっていることが見えてくる。それでいて絶望もしなければ、深淵を覗き込んで慄然《りつぜん》とすることもない。むしろ嬉々として底なし沼の冒険を楽しむというべきか。それは未知への渇望のなせる業《わざ》なのかもしれない。

朝永振一郎（1906-1979）は、次のように書いている。

「数学を勉強してほんとにわかったという気もちは、おそらくその数学が作られたときの数学者の心理に少しでも近づかないと起り得ないのであろうか、一つ一つの証明がわかったということは、ちょうど映画のフィルムの一こま一こまを一つずつ見るようなもので、それでは映画のすじは何もわからない、そんなものではなかろうか。[10]」

物理学や他の科学でも、法則を発見した人の心理には、それを見つけようとする動機から発見までの一貫した「流れ」があったはずだ。この本では、いろいろな角度から、科学者の「心理」に迫ってみたい。

数学と物理学の違い

純粋数学（基礎的な数学）と物理学の違いを単純化して言えば、対象と制約の差である。純粋数学は数学の概念自体が対象で、数理的性質と論理的整合性によって制約を受ける以外は、強力な一般性を持っている。実際、同じ形の方程式では、その実際的な意味と無関係に、全く同じ解が得られる。

数学の定理では、証明の終わりにQ.E.D.（quad erat demonstrandum）と書かれるが、これはラテン語で「以上のことはこれまで証明されるべきであった」の略であり、「かくして証明された」という意味で用いられている。

一方、物理学は自然界に存在するものが対象で、自然現象やモデルから制約を受ける。また、数式に現れるそれぞれの定数や変数、そしてそれらの組合せには、すべて「自然法則」に基づいた意味がある。さらに数学的に証明できる法則であっても、基本的に実験的検証が求められる。

朝永振一郎は、物理と数学の違いについて次のように述べている。

「物理学者は法則を数学化しておき、あとはもっぱら数学的操作だけでいろいろな結論を導くのですが、そういっても、得られた数学的結論がすべて物理的に同じ価値の内容を持つという保証はないのです。ですからそれを確かめるために数学的操作の節ぶしで数式から描像の世界に立ちもどり、式の意味を思い出さねばならないのです。[11]」

つまり物理では、「式の意味」を意識して、「描像の世界」という現実の自然を想像することが問われるのだ。数式は、一般に左辺は主語、右辺は述語に対応していて、一つの文として読める。例えばアインシュタインの有名な式 $E = mc^2$（Eはエネルギー、mは質量、cは光速）は、「エネルギーとは、質量と、光速の2乗との積である」という文と同じである。

ここで、$y = ax^2$ と $E = mc^2$ を比べてみよう。形は似ているが、前者は2次関数であり、aがゼロでなければ放物線を表す。一方、後者には数学的な2次関数という意味はない。

また、$E = mc^2$ は、単に質量の「数値」を代入してエネルギーの値が得られるという意味だけではなく、静止する物体の持つエネルギーが質量だけで決まるということと、質量とエネルギーが物理量（第4講）として等価だということを同時に意味しているのだ（第6講）。そうした「自然法則」はあくまでも現実の描像であって、数学の法則とは必ずしも一致しない。

それから、数学ではほとんど起こりえないことだが、仮説や推論が間違っていても、結論そのものは正しいということが物理では実際にある（例えば、第3講の「ケプラーの第2法則」）。物理に限らずサイエンス全般で論理の飛躍が必要となる時があり、従来の仮説や大多数の予想を覆すような理論や実験では、そうした「非合理」がとても重要な価値を持っている。

物理と生物の微妙な関係

物理と数学の幸福そうに見える関係に比べると、物理と生物の関係は少し微妙である。「サイエンスは一つである」ということを私は信じて疑わないが、両者に微妙な違いを感じることも否めない。分子生物学の扉を開いた物理学者デルブリュック（Max Delbrück, 1906-1981）は、「ある法則が限られた範囲でのみ成り立つというだけの理由で、物理学者がその法則を軽んじたくなることはないであろう。生物学ではそうではない」[12]と述べている。

物理学では対象を理想化することが多く（後述）、その限定された範囲内で厳密な法則を導こうとする。ところが生物学では、実際に地球上の生物が全て対象であり、理想化された「生物」を想定することはほとんどない（例外は「人工生命」など）。また、遺伝・発生や進化のように多くの種で共通してみられる現象と、それらを支える遺伝子・蛋白質・細胞などの性質が重要視される。

その一方、特定の生物種でのみ観察される現象に対しては冷淡になりがちである。私は「人間の特異性」を研究テーマとしているが、人間も動物の一部にすぎないという暗黙の了解には居心地の悪さを感じている。

さて、生物には、物質にない「魂」といった何か特別な性質があるのだろうか。ファインマンはそのことをきっぱり否定している。

「生物の世界に見られるものは物理化学現象の振る舞いの結果であって、「それ以外の何物か」を伴うものではない。」[13]

物理現象と比べて生物が何か特別のものに見えるのは、生命現象が物理法則に従わないのではなく、「生命システム」という独特の系を成しているからである。その意味では、超伝導体が通常の物質には見られない性質（例えば電気抵抗がゼロとなること）を持つという事実と何ら変わらない。人間もまた、他の動物には見られない独特の性質を持つのであって、「それ以外の何物か」を伴うものではない。

進化論という「議論」

生物学の大きなテーマである「進化」について補足する。進化という現象が自然法則に従うことは疑いないが、長い時間をかけて偶然の変化が蓄積されるため、再現性を立証しにくい結果が生まれる。進化論は生物の「歴史」のシナリオを解き明かそうとする「議論」の部分が多く、科学の法則と見なせないものも多い。

そもそも進化に「目的」や「必要性」は存在しない。「なるべくしてなる」というような議論や、「〇〇のために進化した」というような目的論は、科学的な根拠を欠いている。例えば、「言語はコミュニケーションのために（社会生活で必要だから）進化した」というのは、科学的に誤った議論なのである。[14]

さらに、進化は「連続」とは限らない。生物種の普遍性を重視するあまり、一つひとつの突然変異は不連続であっても、変異に変異が積み重なっていくことを連続的だと見なしがちである。人類の進化の系譜は、猿人→原人→旧人→新人という連続的で直列的なものではなかったことは、すでに人類学で明らかにされている。ある時に生じた大きな変異が本質的に異なる影響をもたらすなら、それは不連続な進化と見なさなくてはならない。

進化における科学法則の例として、木村資生（1924-1994）による「中立説」[15]がある。分子レベルでの進化は種の存続にとって得にも損にもならない中立的な変化が大部分であり、遺伝的な多様性を生む原因となっている。言語の誕生もまた、得にも損にもならない中立的な変化にすぎなかったのかもしれない。それが時を経て人間の知性や創造性の源泉になったということもありうる。

種の存続と滅亡は、多くの場合、偶然が支配する突然変異や環境変化によって起こるから、未来の姿を必然的な法則として予言することは非常に難しい。進化のような時間と共に変わる自然現象に対して、どこまでが必然で、どこからが偶然なのか、それを明らかにしていかなくてはならない。

天文学では、星の誕生から赤色巨星を経て白色矮星《わいせい》へと変化していく法則を「星の進化」と言い、ビッグバン宇宙論（第8講）を「宇宙の進化」と呼んでいる。どちらも物理法則に従う必然的な現象だと考えられているが、「宇宙」のように唯一無二の存在である対象に対して、それが偶然の産物かどうかを見極めるのは至難の業である。

力学はサイエンスの基礎

「力学」とは、文字通り「力」についての物理である。英語ではメカニクスとダイナミクスを、statistical mechanics（統計力学）、thermodynamics（熱力学）のように分野で使い分けるが、日本語では区別していない。メカニクスは機械の動作原理を表し、ダイナミクスは運動の基本原理といった意味がある。力学の考え方は、物理だけでなく自然科学全般の規範となっている。

サイエンスの目標は、自然現象の奥底にある原理や法則を明らかにすることだ。つまり、現象の記述だけに終始するような「現象論」から訣別して、その現象の目に見えないメカニズムを見えるようにすることである。力学は物体の運動という一分野に限られた体系だが、その分、相当奥深いところまでを追究できるため、サイエンス全般に通じる基礎的な考え方を提示している。そして力学の歴史は、近代科学の誕生以来、400年に及ぶ知の冒険史なのである。

言語学のモデルとしての物理学

科学という考え方にも「定石」がある。言語学者チョムスキー(Noam Chomsky, 1928-)は物理学をお手本として、新しい「科学としての言語学」を作り上げた。そのときの指導原理(第2講)は次のようなものだった。

「1 研究対象の「記述」や「分類」に没頭するのではなく、「説明」を心がけよ。
2 確固たる理論を築くことができるよう、たとえ広範多様な探求ができないとしても、研究対象の範囲を絞り込んだ方がいい。
3 抽象度の高い理論を練り上げ、理想的状態を想定することで、五感を通じて得られるデータよりもいっそう現実を理解できるような仮説模型《モデル》を築くことができる。」(16)

ここまで端的にまとめたものは、物理の本でもなかなか目にすることがない。まず、「説明」こそがサイエンスの命である。研究対象の記述や分類だけで終わってしまってはいけない。

次に、研究対象を絞り込むことが重要だ。生物一般への広い適用を目指そうとする生物学も、まずはある特定の生物種に絞って実験を行うことが一般的である。広さよりも深さ、説明の質の高さを重視するということが大切なのだ。

「抽象化」とは切り捨てること

先ほどの「定石」の3にある「抽象度の高い理論を練り上げる」とは、余計な物を切り捨てることである。それができるのは「捨象力」という能力の賜である。余計で表面的な要素を捨てることで、本質的な部分が見えてくるようになる。その分、抽象化された考えは難しく分かりにくくなりがちだが、理解を深めるためには必要である。

図1-2にある桜の花びらを例にとってみよう。実際の花びらは、形や色、そして香り等が品種ごとに微妙に違っている。果たして、その中からどの特徴を残して捨象したらよいだろうか。

思い切って抽象化して、「正5角形」という性質のみを残してみると、多くの花が共通して持つ「回転対称性」という美しい原理が見えてくる。実際、キキョウの花もつぼみの時か

1－2　「抽象化」とは切り捨てること

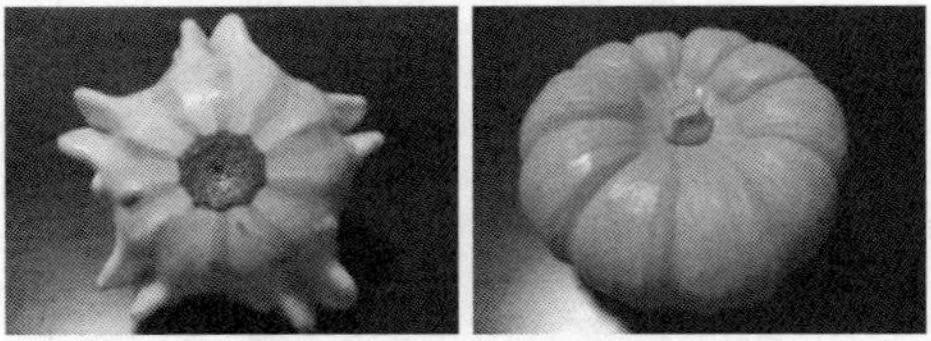

1－3　カボチャは正5角形（著者撮影）

ら見事に正5角形であり、ユリの花は正6角形だ。花の美しさにも対称性が関係していると言えよう。

カボチャの形も実は「正5角形」である（図1－3）。この2枚の写真から、形が違っても正確に5あるいはその倍の10を基調とする形の規則性が見て取れる。

「理想化」は物理の常套手段

残る「理想的状態を想定する」とは、余計な物を当面は見ないようにすることである。理想化することで現実離れするというのではなく、理想化によって現象の本質を鋭く突くことで、より単純なモデルへと持ち込むのである。また、理想化したのだから単純な法則が成り立つのは当たり前、と考えるのも間違いである。法則は、理想化に先立って適切な抽象化が成されていないと、なかなか見つけられないものである。

例として、高校の理科に出てくる「理想気体」を考えてみよう。理想的と言われる理由は、分子の大きさを考えず、分子間に力が働かないと仮定するからだ。この仮定は気体に当てはまるが、固体や液体では成り立たない。

圧力が低くて温度が高い理想的な気体では、気体の体積が一定のときに、圧力が温度に比例するという「ボイル・シャルルの法則」が成り立つ。なお、法則に二人の名前がついているときは、間に中点ではなくダッシュ（–）を使うことにする。

その後、ファン・デル・ワールス（Johannes van der Waals, 1837-1923）が分子間の力を考慮してこの法則を修正した。その仕事により彼は、1910年にノーベル物理学賞を受賞している。理想化の際に除いた要素は、後から一つひとつ見直していけばよいのである。

他の例として、惑星の公転（第3講）を考えてみると、空気抵抗がなく、摩擦も働かないという理想的な条件が整っている。これは地上の運動では考えられないことだ。摩擦があれば動いてもすぐに止まるし、速度が増すほど空気抵抗が増えてしまう。

さらに、太陽と惑星の間に圧倒的な質量差があることも、理想化に役立った（第4講）。そのため、惑星の公転では太陽が不動だと仮定でき、惑星同士に働く力も最初は考慮に入れずに済んだのである。例えば太陽・地球・火星といった「3体問題」となると解析的には解けないのだが、太陽と地球、あるいは太陽と火星という2体問題として扱うことで定式化ができる。物体の運動の中で惑星の運動が人類史上初めて解明できた背景には、そうした「運」も関わっていたわけである。

言語学でも、与えられた文が文法的に正しいか否かの判断を正確かつ瞬時に下せるような、「理想的な」母語話者を仮定する。そのような話者を仮定することで、抽象的な文法を扱うモデルが確実なものになるのだ。

抽象化と理想化の両方をうまく実現して説明すること。これが科学という考え方の基本である。

★第1講　引用文献

（1）パウリ（C・P・エンツ編、小林澈郎訳）『パウリ物理学講座1』pp.4-5 講談社（1976）

（2）A. Einstein & L. Infeld, *The Evolution of Physics*, p.294, Simon and Schuster（1938）

（3）酒井邦嘉『言語の脳科学―脳はどのようにことばを生みだすか』第2章　中公新書（2002）

（4）H. Dukas and B. Hoffmann, Eds., *Albert Einstein: The Human Side - New Glimpses from his Archives*, p.8, Princeton University Press（1979）

（5）ガリレオ（山田慶兒、谷泰訳）『偽金鑑識官』p.57 中央公論新社（2009）

（6）ロジャー・ベイコン（伊東俊太郎他編）『科学の名著3　ロジャー・ベイコン』pp.94-99 朝日出版社（1980）

（7）R. Feynman, *The Character of Physical Law*, p.58, The MIT Press（1967）

（8）P. A. M. Dirac, "The evolution of the physicist's picture of nature", *Scientific American* 208（5）, p.53（1963）

（９）デカルト（三宅徳嘉、小池健男訳）『方法序説（デカルト著作集１・増補版）』p.26 白水社（2001）

（10）朝永振一郎『鏡のなかの世界』p.139 みすず書房（1965）

（11）朝永振一郎『物理学とは何だろうか　上』p.225 岩波書店（1979）

（12）M. Delbrück, "A physicist looks at biology", *Resonance*, 4（11）, p.92（1999）

（13）*The Character of Physical Law*, p.165

（14）『言語の脳科学―脳はどのようにことばを生みだすか』p.37

（15）木村資生『生物進化を考える』岩波書店（1988）

（16）デイヴィッド・コグズウェル（佐藤雅彦訳）『チョムスキー』p.55 現代書館（2004）

第2講　原理と法則

第2講では、原理と法則という科学の基礎を紹介する。前半では、科学的な思考の出発点として、相関関係と因果関係の違いについて考える。後半では、原理と法則の実例として、二十世紀前半の「量子論（quantum theory）」を取り上げる。量子論によって物理学が大きく変わったので、それ以前の理論は「古典論」と呼ばれている。

人間の経験や直感を正すのが科学

科学は、我々のさまざまな信念や直感の間違いを明らかにしてきた。チョムスキーはそのことに触れて、次のように述べている。

「不思議さを感知しそれについて考えていこうとする能力は、幼少期——この時期にはそれが自然なことなのですが——から後の人生に到るまで育むべき非常に価値のある特性なのです。(1)」

科学の出発点には、常に「不思議さ」がある。そして人間には、「なぜ?」という問いかけを通して、不思議について考えようとする好奇心や探究心が、幼少期に自然と芽生える。そうした能力を生涯にわたって育んでいくことが、人間の本性を高めることにつながる、とチョムスキーは言うのである。「自分は文系だ」とか、「自分に数学は分からない」という理由でその道を閉ざすのは、優れた芸術に触れようとしないのと同じくらいもったいないことではないだろうか。

科学は人間の経験や直感に基づく知識を反映してはいるが、そうしたまだ吟味がよくなされていない「経験則」をまとめれば法則になるわけではない。むしろ、人間の経験や直感を補い、正していくことが科学の進歩だと言える。

例えば、重い鉄の球が軽い羽よりも速く床に落ちるのは経験事実であり、直感的でもある。しかし、その直感の延長線上に、正しい重力の法則は見出せない。「空気抵抗」という目に見えない要因に気づき、しかもその要因を取り除いて初めて、直感の誤りに気づき正しい法則を見出せるのである。

誤った直感だけでなく、不完全な推論からも間違った結論が得られる。例えば、重い物には大きな重力が働くだろう。もし空気抵抗がないなら、重い物ほど大きな重力に引かれて落下速度が速くなるのではないだろうか？　この推論の誤りがどこにあるかを考えていただきたい（☆　答は第7講）。

相関関係と因果関係の違い

2つの事柄の間で一方が変わるとき、他方も変わるような関係を「相関関係（correlation）」と言う。特に言わなければ、両者が同じ方向に変化する「正の相関」を指すが、互いに異なる方向（増加と減少）に変化する「負の相関」もありうる。例えば子供の成長を考えると、身長や体重は年齢と正の相関を示す一方で、頭部の長さと身長の比率（例えば5頭身）は、年齢と負の相関を示す。

相関関係のうち、特に2つの事柄の一方が原因（cause）で他方が結果（effect）となるとき、両者の関係を「因果関係（causal relationship）」と言う。この両者のつながりには、推論を含めて何らかの科学的裏付けが求められる。因果関係が証明されれば、その関係を「法則」と見なすことができる。

例えば、日焼けして肌が黒ずむのは日光の紫外線が原因で、表皮の奥にあるメラノサイト（色素を形成する細胞）がメラニン色素を多く作るようになるためである。これは、「紫外線の照射（原因）がメラニン色素を増加させる（結果）」という生物学の法則である。

「原因→結果」という一方向の因果関係を基礎とした自然現象のとらえ方を「因果律（causality）」と呼ぶ。例えば、雨が降るのには雨雲（乱層雲）という原因があると考える。なお、「降水確率」のように確実に結果が起こると言えない場合でも、推論の根拠が揺らがない限りは因果律が認められる。「雨が降れば交通事故が増える」という例では、視界不良、路面のスリップ、傘の死角などが推論の根拠に含まれるだろう。

一方、雨が降っても交通事故が全く増えないこともあるだろうし、雨が降ることが慎重な運転を促したり、外出を控えさせたりするため、交通事故が逆に減ることもあるかもしれない。実際に明快な因果関係を示すのは難しいことなのだ。

「風が吹けば桶屋が儲かる」という類いの経験則は、さらに根拠が曖昧で因果関係とは言い難い。そうした曖昧な場合は、そもそも反対の効果が生じないかどうか吟味する必要がある。「風が吹けば火事が多い。それに水をかける。桶屋の桶まで持ち出されるから、風が吹くと桶屋が損をする」(2)という可能性もある。

以前私は、ある著名な学者から「自分のバイリンガルの知り合いが最近、円形脱毛症になった。バイリンガルはストレスになるのか？」という質問を受けたことがある。科学者としてあり得ない推論で、絶句してしまった。

相関関係と因果関係の「関係」

図2－1に示したように、因果関係とは相関関係の一部であり、原因と結果が特定された特別な相関関係だと整理できる。なお統計データだけでは、相関関係を明らかにすることはできても、因果関係にまで踏み込んだ議論や説明はできない。例えば、ある商品Aを買った人が、別の商品Bも買っているという統計データがあったとしよう。たとえデータが両者の高い相関を裏付けようとも、それは相関関係に過ぎないから、Aを買ったらBを買うという人間の行動を科学的に説明する根拠にはならないのだ。

このような例は、一般でもよく誤解される。

人間の行動に因果関係を見出すのが難しい例を示すため、筆者の専門である脳科学の視点を加味してみよう。

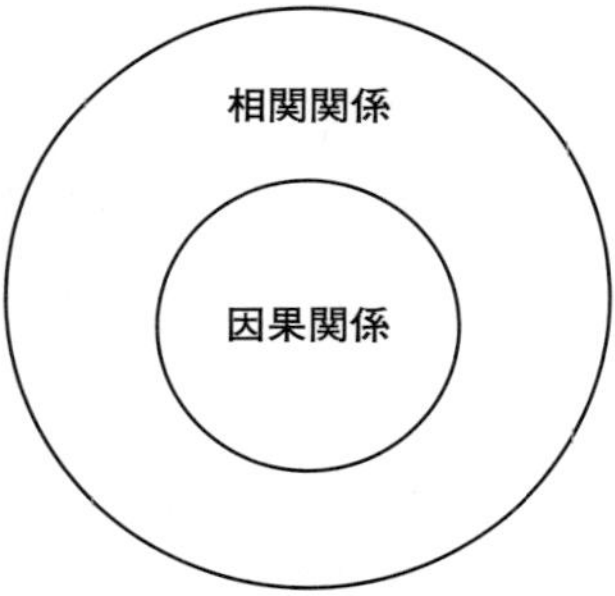

2－1　相関関係と因果関係の「関係」

脳と行動に関する脳科学や心理学から導ける知見の大部分は、相関関係である。その中でもし因果関係が明らかになるとすれば、脳が原因で行動が結果と考えるのが一般的な見方ではないだろうか。しかし、学習などの行動が原因となり、結果として脳に記憶の痕跡が残るわけだから、脳と行動には両方向の相互作用がある。

また、MRI装置などを使う脳機能イメージングの実験では、原因が認知的なテストで、結果が脳活動の変化である。一方、脳の病気では、原因が脳梗塞や脳出血、脳腫瘍などで、その結果、特定のテストに成績低下が起こる。このことから、因果関係が示唆されることもある。しかしどちらの場合も、テストに含まれる様々な要因の中から「脳機能」を絞り込むときに解釈が加わるから、相関関係を超える結論を出すことは難しいのである。

とにかく、単なる相関関係を因果関係と見なしてしまう誤りが非常に多い。一見、因果関係に思える2つの事柄AとBでも、両者に共通した原因Cがあるかもしれないから、隠れた原因を慎重に吟味しなくてはならないのだ。そうしたCのような原因が別にある場合、AとBの関係は相関関係にすぎない。

例えば、「毎日朝食をとる生徒は成績がよい」という調査結果（国立教育政策研究所、2003年）から、毎日の朝食による栄養摂取（A）によって成績がよくなる（B）という因果関係を考えがちだが、その解釈には疑問が残る。規則的な生活習慣（C）や、保護者か教師による熱心な教育指導（C）などの影響で、直接の因果関係がないAとBが共に生じる可能性があるからだ。

また、相関関係とも言えないような緩い関係もありうる。相関関係と因果関係の違いをはっきり区別するためにも、それぞれの具体例を自分で考えて、整理しておくとよい（☆）。

相関関係は法則と言えるか？

因果関係は法則である。では、相関関係を法則と見なしてもよいのだろうか？

慎重論としては、まだ因果関係が証明されていないわけだから、相関関係に基づく予想や仮説を法則と見なすのは危険だという意見があろう。

一方、楽観論としては、因果関係が証明されていなくても、将来証明されるかもしれないので、相関関係は当座の「作業仮説（working hypothesis）」として有用だという考えもある。新たな証拠によって反証されうる仮説ならば（これを「反証可能性」という）、それを科学的法則の候補と見なし検討の対象にすればよい。

実験や観察に関する論文では、得られたデータが偶然生じたものでなく、法則という必然性に従ったためだと推論するボーダーラインとして、一般的には「5％以下」という基準が使われる。5％を超えた場合は、偶然起こった結果が法則にかなっているように見えてしまう「危険率」が高まる。そこで、「5％以下」という基準が、観測による誤差（誤差の推定値も含む）をもとにして統計的に決められる。一般に誤差が小さいデータは信頼性が高く、逆に誤差が大きいデータは信頼性が低くなる。

こうした統計学に基づく推定法を「統計的有意性」と呼び、この基準をクリアしていれば相関関係を暫定的な法則として発表することが許される。これは科学界の慣例であるものの、それでも「5%」というボーダーでは、20回に1度ほどの頻度で偶然が必然のように見えてしまう「偽陽性」の結果が得られることもままあるので、慎重を期した再現実験が必要となる。

原理と法則

ここまで法則の成立条件について説明してきたが、次に原理と法則の区別や、規則とモデルについて説明しておきたい。

科学で用いられる「原理（principles）」は、最も基礎的で普遍性のある命題である。それゆえ、他の法則の前提となるものであり、別のことで導かれることなく、それ自体が独立している。原理の例として、以下に「不確定性原理」などいくつか紹介するが、中には研究の発展で過渡的な役割を果たした「対応原理」というものもある。

「法則（laws）」は、原理や、より基本的な法則から導かれるような命題である。例えば、「光が境界面で反射するとき入射角と反射角が等しい」という「反射の法則」は、「光は最短経路を進む」という**フェルマーの原理**から導かれる。この法則を例にとって、説明してみよう。図2-2のように、光が始点Aから鏡に反射して、終点Bに達したとしよう。鏡に垂直な面と光線が成す角度が入射角で、θ（ギリシャ文字シータ）とする。もし光が反射せずに鏡の中に入るなら、終点Bを鏡の中に映した対称点B′に向かうことになり、光が進む最短経路はAとB′を結ぶ直線である。反射角ϕ（ギリシャ文字ファイ）を鏡の中に映してできる角度ϕは、入射角θと「対頂角」の関係にあるので、$\theta = \phi$となる。つまり、「反射の法則」が証明できた。

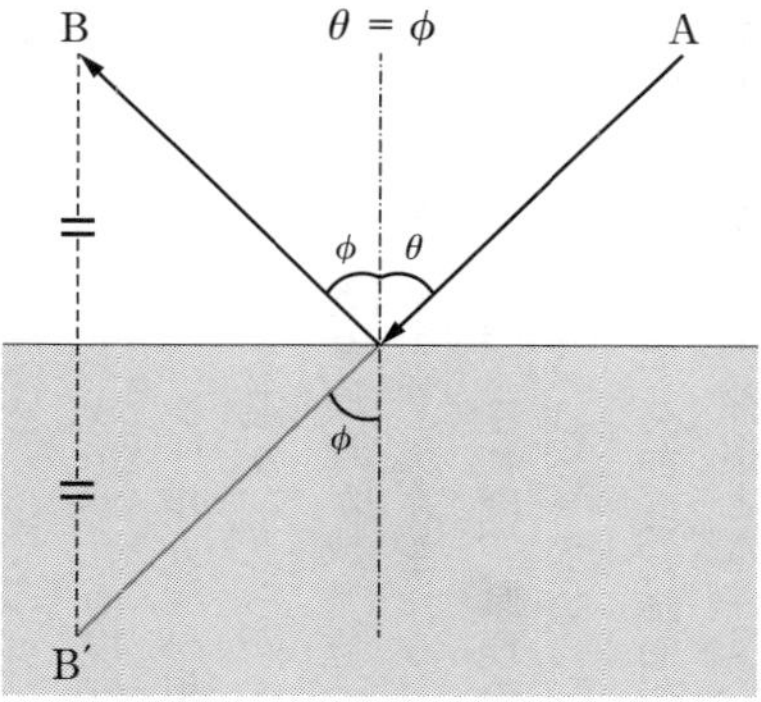

2－2　反射の法則　真ん中の水平線が鏡の面で、下側は鏡の中を表す

このように考えてみると、反射の法則という実験で確認できる法則が、「光は最短経路を進む」という原理によって一段深いレベルで説明されることが分かる。言い換えると、「なぜ反射の法則が成り立つのか」という疑問に答えた説明によって、自然の奥深さに一歩近づくことができるわけだ。

法則の別名として、「**規則**」や「**モデル**」といった言い方も慣用的に使われる。例えば、DNA（デオキシリボ核酸）を構成するアデニン（A）、チミン

（T）、グアニン（G）、シトシン（C）のうち、AとTの含有量が等しく、GとCの含有量が等しいという「シャルガフの規則」や、DNAの分子構造を明らかにした「二重らせんモデル」などがある。シャルガフの規則は、二重らせんモデルを解明するヒントになった。

　自然科学である限り、あらゆる原理と法則は実証ないし反証の対象となる。ただし原理に関しては、「なぜ原理が成り立つか」という疑問をひとまず保留して、それが「自然の摂理」だと考えることが許される。研究が十分進んでから振り返ってみたとき、もしその原理の正しさを証明できれば、原理の重要性や意味がより理解できるようになる。

　科学の原理は、「主義（イズム）・主張」とは違って、数学の「公準」や「公理」に近いものである。公準と公理は、証明なしに仮定される基本的な命題で（第8講）、一般的な命題である「定理」の前提となっている。

　例えば、紀元前3世紀頃に編纂された『ユークリッド原論』(3)（ギリシャ後でストイケイア）では、第1公準が「任意の点から任意の点へ直線をひくこと」であり、そもそも「直線が引ける」という基本的な前提が要請されている。また、第1公理は「同じものに等しいものはまた互いに等しい」というものであり、「等しい」という基本的な共通概念を厳密に定めている。なお現代数学では、公準と公理を特に区別することなく、各々が独立していて互いに矛盾のない公理の集まり、すなわち「公理系」が前提となっている。

ある分野を探求する際に、複数ある原理や公理からどれを選択するか、そして法則や定理を導く過程でどのように選択肢を絞り込むかには、主観が含まれうる。しかし、数学的証明や論理的推論はあくまで客観的なものであり、自然の摂理を正しく捉えた法則は客観と見なされる。

アルキメデスの原理

高校までの理科では、法則と呼ぶべき手法のことを「原理」と呼ぶことがある。例えば、「流体中の物体の重量は、その物体が押しのけた流体の重量分だけ軽くなる」という「**アルキメデスの原理**」がある。物体の重量は、ばねばかりにつるして量ることができ、そのまま物体だけを水に沈めることで、水中の重量が量れる。

アルキメデス（Archimedes, 287-211 B.C.）は、シラクサの王ヘロン2世より、金の王冠が本物かどうか確かめるようにという命を受けた。ただし、王冠を壊すわけにはいかず、アルキメデスは考えあぐねていた。折しも風呂に入って水がこぼれたとき、突然ひらめいた。アルキメデスは狂喜乱舞のあまり、シラクサの街を裸で駆け抜けたと言われている。このとき口走った「ユーリカ！」（eureka　ギリシャ語で「私が見つけた」の意味。アクセントは「リ」の位置）という言葉が、「ひらめき」の代名詞となっている。

アルキメデスは、空中と水中で量った物体の「重量差」が、物体と同じ体積の水の重量分だということに気づいたのだ。空中で量った王冠の重量を、その重量差で割ることで、王冠の**比重**（同体積の水の重量に対する比）が分かる。同じ方法で量った金塊の比重と比較することで、金より軽い金属が王冠に使われたという疑惑が見事確かめられたという。

このアルキメデスの方法は、物体に傷をつけることがないので、とても優れた成分分析法である。例えば、金などで作られたフルートで、キーなどの部品をはずして管体だけにすれば、同じように材質の純度が確かめられるわけだ。

さらにアルキメデスは、「持ち上げる負荷と加える力の比は、てこの支点からそれぞれへの距離の逆比（比の逆数）に等しい」という「**てこの原理**」を発見している。また、複数の滑車を組み合わせた装置を考案して、積み荷を載せた重い船を、海から陸へ楽々と引き上げたと伝えられている。

この2つの原理は、どちらも具体的な手法としての「原理」であって、最も基礎的で普遍性がある命題とまでは言い難い。科学的な認識としては、力（浮力やトルク）に関する法則ととらえた方がよい。**トルク**は「**力のモーメント**」とも言われ、回転軸からの長さ（動径）と、力（動径と垂直な方向の成分）を掛け合わせた量である。「てこ」の場合は、その支点が回転軸となっている。十分長い棒と支点があれば、地球さえも「原理的には」動かせるのである。

対応原理と相補性原理

科学で慣用的に使われる原理は、手法や哲学的な考えを含めても50くらいしかない。純粋な原理の典型例は、「光速不変の原理」（第5講）である。ここでは、**ボーア**（Niels Bohr, 1885-1962）による2つの原理を紹介しよう。

1つ目は「**対応原理**」で、量子論を古典論（19世紀までの力学や電磁気学）に対応させるという原則である。まず電磁気学について言えば、19世紀にそれまで別々に発見されてきた電気と磁気に関する法則が、統一的に理解できるようになった。それと同時に、光を「電磁波」という「波」としてとらえる見方が確立した。

しかし20世紀始めの量子論では、光を連続的な「波」ではなく、不連続な「粒子」と見なさないと説明できない現象が知られるようになって、電磁気学との間にさまざまな矛盾や不都合が生じてきた。例えば、物質に**波長**（波の1周期分の距離）の短い光を当てると、物質内の電子が光のエネルギーを吸収して、物質の外に飛び出すことがある。飛び出す電子の数は光の強さに比例するのに、光の振動数（単位時間あたりの波の繰り返し数、周波数）が一定の値を超えないと、なぜか光を強くしても電子が飛び出さない。これが「光電効果」と呼ばれる現象である。アインシュタインは、光が振動数に比例したエネルギーを持つ粒子として振る舞うと考えれば、光電効果がうまく説明できることに気がついた。

こうして生じた量子論と古典論の膠着状態を打開したのがボーアであった。量子論に対して粒子という不連続性を無くすような極限を取ることで、連続的な波を扱う古典論に帰着させ、両者を「対応」させたのである。量子論が「量子力学（quantum mechanics）」に発展し継承されてからは、古典論との対応には限界が見えてきたため、対応原理はその過渡的な役目を終えた。

2つ目は「相補性原理」である。これから説明するように、「粒子性と波動性」などの互いに「相補的な」概念が重視された。「光は、波であると同時に粒子である」といったように、一見対立したり矛盾するような概念であっても、むしろそのような相補性こそが自然の本来の姿だと認めよう、という提案が相補性原理である。しかしアインシュタインは、量子力学の基礎や相補性原理に対して異を唱えて、ボーアと繰り返し論争を行った（最終講で詳しく述べる）。

指導原理としての「原理」

ボーアの２つの原理のように、研究を進めるときに有効な道筋を指し示す原理は、「指導原理」と呼ばれる。そうした原理が重視される理由は、多くの仮説をふるいに掛け、その指導原理に合致する理論だけを絞り込むことで、自然と正しい法則が導かれるという期待があるからだ。しかしそうした原理は、思弁的で哲学的な考え方に限定されるわけではない。

アインシュタインは、同時代を生きた生涯の友、ソロヴィン（Maurice Solovine, 1875-1958）に宛てた１９２４年の手紙の中で、次のように率直に述べている。

「哲学に対する興味はいつも私にありましたが、副次的なものに過ぎませんでした。自然科学に対する興味は、いつもとりわけ原理的なこと［das Prinzipielle］に限られていて、それから私のすること為すことがもっともよく理解できます。私が発表してきたことがとても少ないのは、その同じ事情と関連しています。というのも、原理的なことの把握に対する渇望のため、結果的にほとんどの時間がむなしい努力に費やされたからです。[4]」

ここで、私たちが日常的に使っている言語の研究でも、自然科学の一分野として扱われる以上、「原理的なこと」が重視される点を付け加えておきたい。チョムスキーは、彼が最も重視した研究テーマである「統辞論（syntax）」について、「統辞論は、個別の言語において文が構築される諸原理とプロセスの研究である」と述べている。[5]

チョムスキーは物理学の考え方を基礎に据えて（第1講）、「単純で啓発的な[simple and revealing]」言語理論を目指した。[6] 単純で啓発的な言語理論とは、最小の仮定と操作だけですべての自然言語に普遍的な文法規則を説明するような、奥深く強力な理論のことである。科学の原理は、普遍的な法則に通じるという意味で啓発的であり、できるだけ単純に科学的思考の道筋を明らかにすべきものなのである。

プランク定数

ここで、量子論の発端について説明しよう。

プランク（Max Planck, 1858-1947）（図2-3）は、光のスペクトル（波長それぞれの成分のこと）が示すエネルギー分布を研究していて、特定の波長の光と共鳴するような、電気的な粒子（共鳴子）を仮想的に考えた。「共鳴」とは、特定の波長に集中してエネルギー（エネルギーについては、第6講で詳しく説明する）がやり取りされるという物理現象である。共鳴子は、お互いに影響を与えないように十分離れていて、非常にたくさんあるとする。

プランクは、共鳴子の持つエネルギーが必ずある一定量の整数倍だと仮定すれば、それまで知られていた光スペクトルのエネルギー分布である、短波長側と長波長側の両方を統一的に説明できることに気付いた。その成功が、20世紀と共に量子論の幕開けとなったのである。

１９００年にプランクが書いた論文には、次のように記されている。

「もしE［エネルギー］が制限なしに分割可能な量だと見なせば、配分は無限に多くの仕方で可能である。しかしわれわれは――しかもこれが全計算の最も大切な点であるが――Eをすべてが一定数の有限な等しい部分からなると考え、そのために自然定数hを使うことにする。[7]」

２－３　プランクの頭部ブロンズ像（ライプチヒの「認知科学および神経科学のためのマックス・プランク研究所」にて著者撮影）

エネルギーは古典論によると連続的に変化するが、量子論では、エネルギーがある一定量（引用では「有限な等しい部分」）を単位として、その中間的な値を取れない。お金にたとえると、一円より細かい金額がないようなものだ。この一円のような、エネルギーなどの最小単位のことを「**量子**（quantum）」と言い、粒子として振る舞う光のことを「**光子**《こうし》（フォトン）」と呼ぶ。

この論文中に歴史上初めて現れた「自然定数h」は、量子論を象徴する定数であり、後に**プランク定数**と呼ばれるようになった。プランク定数の単位はジュール［J］と秒［s］の積であり、ジュールはエネルギーの単位なので、hは［エネルギー×時間］という単位を持つ。

プランク定数hがとても小さな数値（$6.6260693 \times 10^{-34}$ Js）であることから予想できるように、その値をゼロと見なせる場合もある。数学では、変数が限りなくある値に近づくような状態を「**極限**」と呼ぶが、今述べたことは、プランク定数をゼロと見なす$h \to 0$という極限で表される。この極限は不連続な最小量をなくしたということだから、連続的な量を扱う古典論に帰着する。こうした考え方が、対応原理なのである。

二重スリットの実験

波について考えるために、波の山と谷が濃淡となった写真を見てみよう。図２－４は水面の波紋であり、黒い太線より下までは、上に向かってまっすぐな波が伝わっている。黒い太線には２つだけ空いている部分（二重スリットと呼ぶ）があり、それより上では放射状に波紋が伝わっている。それぞれのスリットを通過した後で、波が遮蔽物の影に回り込んでいることが見てとれる。これが「回折（diffraction）」と呼ばれる、波に特徴的な現象である。純粋な粒子であれば、ビームが多少スリットから広がったとしても、遮蔽物の影まで回り込むようなことはない。砂時計の蜂の腰（オリフィス）を通り過ぎた砂が、どういう動きをするかを思い出してみるとよい。

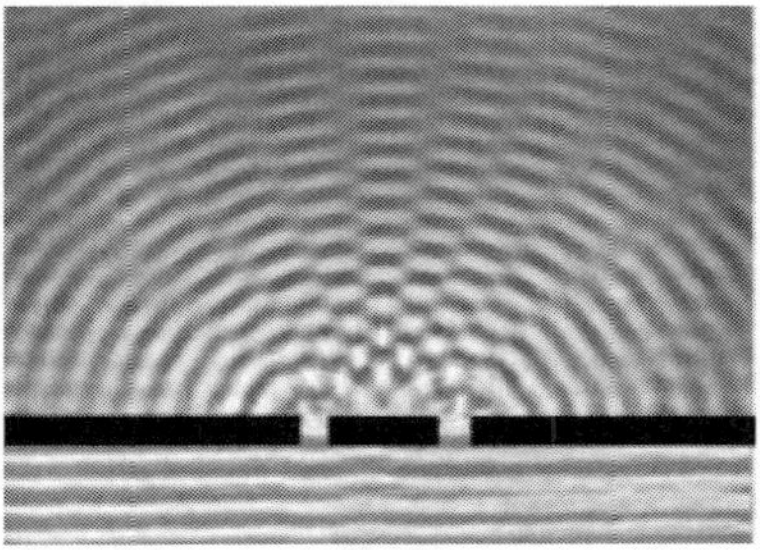

２－４　水波の干渉縞　URL(8)より

波紋をよく見ると、２つの波の山と山（または谷と谷）が重なって強め合うところと、山と谷（または谷と山）がちょうど重なって常に弱め合うところが現れる。これが「干渉縞」であり、波に特徴的な現象である。これもまた、純粋な粒子であれば、別個の粒子同士が互いに干渉するようなことはない。

光の波動性は古典論で研究されていて、長い波長の光が波紋のように回折を起こすことはよく知られていた。単一光源の光を細い二重スリットに通すと、回折した光が干渉縞を作るのだ。１９１０年代に、ブラッグ父子（Sir William Henry Bragg, 1862-1942; William Lawrence Bragg, 1890-1971）がＸ線（紫外線よりさらに波長の短い光）による回折を発見している。

さて、電気の流れ（電流）の実体は、多くの場合、電子（エレクトロン）の流れであるが、この電子もまた回折を起こすことが、結晶による電子の散乱を観測した１９２０年代の一連の実験によって明らかとなった。電子や光子のような極微の「粒」であっても、その波動性によって空間的に広がると考えれば、二重スリットを通過した後に干渉縞が生じると予想される。

「光子の裁判」

光や電子のように波動性と粒子性が同時に両立するという奇妙な「二重性（duality）」について理解を深めるため、二重スリットを使った思考実験（頭の中で考えるだけの疑似実験）が提案されてきた。例えばファインマンの講義録でも、多くの頁数を費やしてくわしい議論がなされている。(9)

ここで紹介する朝永振一郎作の『光子の裁判』(10)は、裁判の体裁を借り、ユーモアのセンスを加味した見事な光子の説明となっている。執筆当時の１９４９年頃は戦後すぐの厳しい時代であったにもかかわらず、量子電気力学（quantum electrodynamics, QED 数学で証明終わりを意味する **Q.E.D.** と洒落ている）の基礎を成す論文が朝永とその協力者達によって次々と生みだされた黄金期であった。

主人公である被告は「波乃光子」であり、「女のような名前」ということなので、「なみのみつこ」と読ませたいようである。ちなみに、朝永先生の奥様の名前は「領子」だった。「りょうし」と読めるのは偶然だったのだろうか。

被告の弁護人はディラックであり、検察の追及を見事に退ける。尋問のやり取りの一部を見てみよう。

検「被告は門から前庭を通って窓のところに行き、その窓から室内に侵入し、そして室内の壁のところで捕えられたというのだね」

被「そのとおりです［中略］私は二つの窓の両方を一緒に通って室内に入ったのです」

［中略］

弁「被告が二つの窓を同時に一緒に通りぬけたということを基礎づける事実をお示しすることは不可能ではありません。そのために本弁護人は実地検証を行なうこと、その他被告の行動について二、三の検証を行なうことをお許し願います」[11]

図2-5には、光子の最初の通り道（門M）と二重スリット（窓AとB）、そして光子が到達するスクリーン（壁K）が描かれている。この不可思議な主張は、果たして真実なのだろうか。そこで次のような実地検証が繰り返し行われた。図2-6上の左図（右図を上から見たところ）にある白丸は警官の位置を示す。門から窓以外のところに行っていないことを確かめるためにも、前庭に面した壁にも警官を配置する必要がある。黒丸と黒い人は被告をとらえた警官を表す。

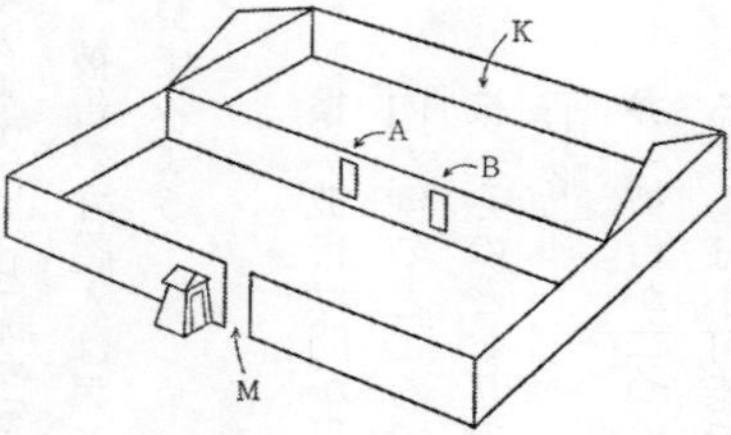

図2-5　文献(12)より

さて、「容疑者X」がAかBのどちらを通過したか分かっている場合（Either A or B）、1回の試行結果は例えば図2-6中のようになる。壁のどの位置にXが現れたかが、点でカード上に示されている。なお、カード番号No. 800は、「嘘八百」の意味だと伝えられている。試行をたくさん繰り返した結果が図2-6下である。至る所にXが現れたことが分かる。なお、窓の一方をあらかじめ閉じておいても同様の結果が得られる。

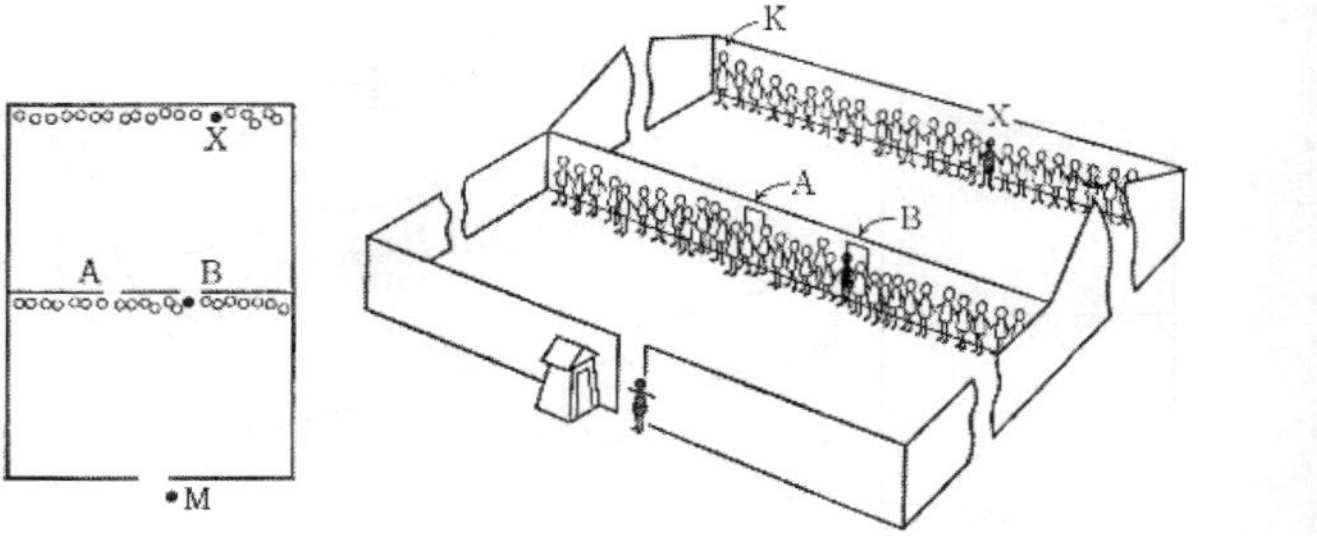

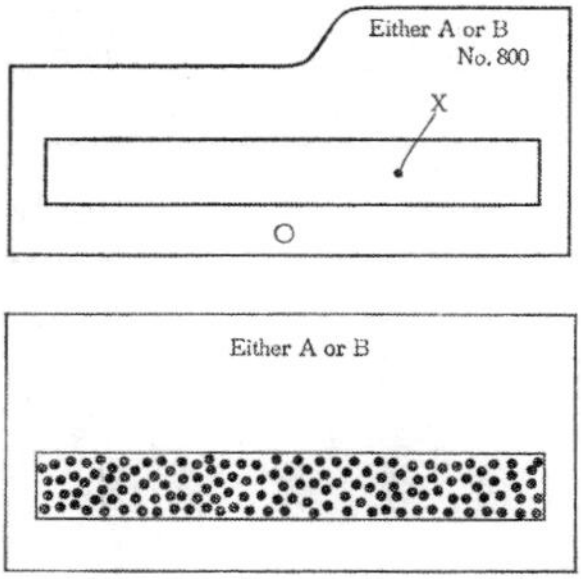

２－６　文献(13)より

今度は、両方の窓に警官が配置されておらず、犯行現場と同じ状況を考えてみる（図２－７上）。つまり、XがAとBのどちらを通過したか分からない場合（Neither A nor B）である。１回の試行結果は例えば図２－７中のようになり、前と変わらないように見える。

しかし試行を繰り返した結果、図２－７下のように異なる結果になった。壁でXがよく現れたところと、全く現れなかったところが、ちょうど干渉縞のようになっている。つまり、光子がちょうど波のように「二つの窓の両方を一緒に通って室内に入った」ということ、そして二つの窓から入った光子がお互いに干渉したとしか考えられないのだ。かくして、Xの主張は真実であった。弁護人は次のように述べている。

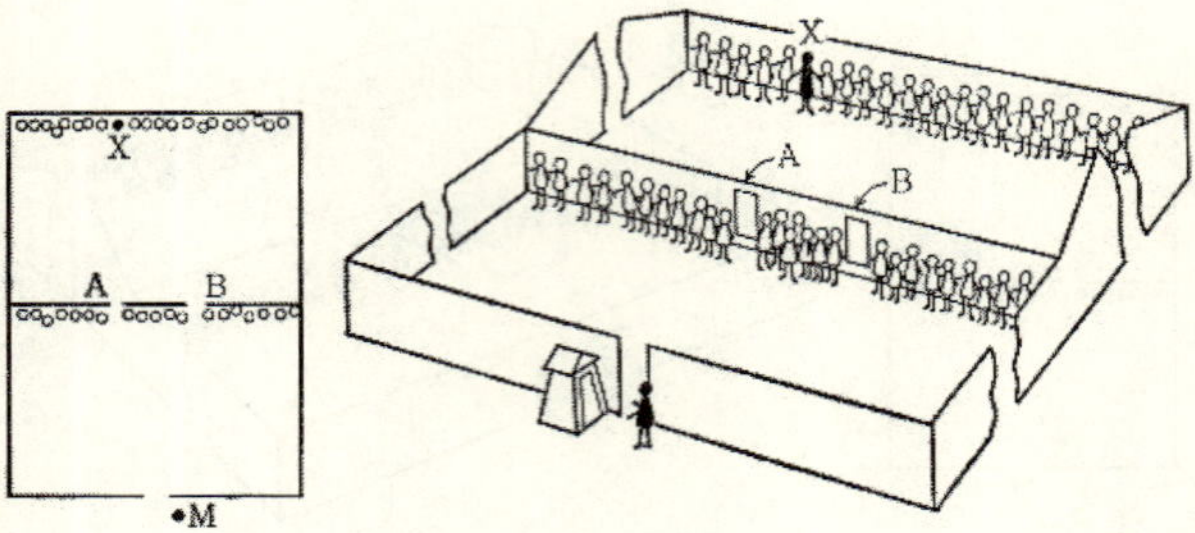

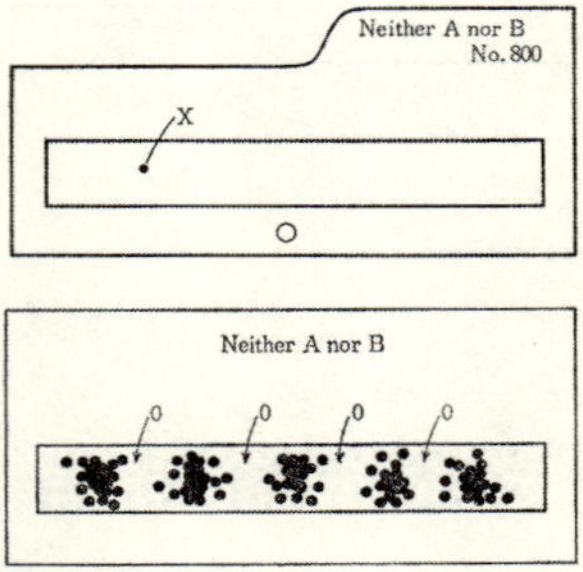

2−7　文献(14)より

弁「被告は姿を現さない時には二つの窓の二つとも一緒に通りぬけていく、と考えねばならぬということであった」

朝永らが翻訳したディラックの本には、「光子が入射光線の分かれた二つの成分のおのおのの中に部分的にはいって行くというふうないい方をせねばならない」(15)と書かれている。

なお、被告が窓の一方で姿を現したとき（Either A or B）には、最初から1つのスリットだけのときと同じだから、壁には干渉縞が生じようがないのである。その状況では波動性が見られず、光子はそのまま粒子として振る舞うと考えられる。つまり、Xの姿が見られなければ波動性、見られれば粒子性ということなのだ。

そうした光子の二重性は、「その姿を見たくても見てはいけない」というジレンマを思い起こさせる。思いは古今東西変わらぬと見えて、オルフェウスやイザナギの神話、あるいは鶴の恩返しの昔話などがある。そこに共通するのは、生と死、あるいは人と動物、という対立への葛藤や、見てはいけない別世界（黄泉《よみ》や冥界《めいかい》など）の存在だ。二重性という不思議は、自然界だけでなく人間の認識にも奥深く根差しているようである。

電子の波動性の実証

電子顕微鏡で使うような、多数の電子からなるビームで波動性の実験をすると、複数の電子間の相互作用の結果、波のように振る舞うという可能性が否定できない。

そこで、単一の電子ビームを作ることで、初めて直接的な実証ができるようになった。電子線は、1万ボルトの電圧による加速でX線の波長と同等になる。

電子による二重スリットの実験は、チュービンゲン大学のイェンソンが1961年に初めて行った後、ボローニャ大学のグループが1974年に成功し(16)、1989年には日立製作所基礎研究所の外村彰（1942-2012）らが、さらに高い精度で実証した(17)。

図2-8は、実際の実験結果であるが、単一の電子による試行を重ねて行くと、明確な干

渉縞が生じてくる。『光子の裁判』という思考実験は、見事に実証されたのである。

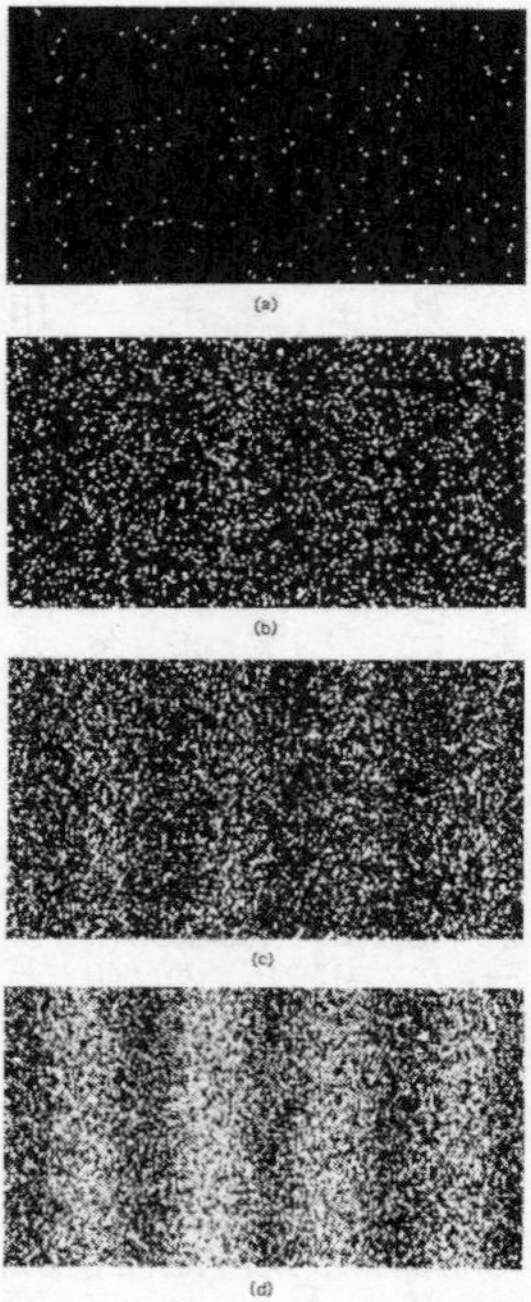

2－8　二重スリットの実験で、電子の数を徐々に増やした結果 (a) 1,600, (b) 3,500, (c) 8,000, (d) 10,000個　文献(18)より

ハイゼンベルクの思考実験

ハイゼンベルク（Werner Heisenberg, 1901-1976）は、波動性と粒子性が同時に両立するという「二重性」の問題に悩んでいるうちに、次のような「思考実験」を思いついた(19)（図2－9）。電子のような極小のものを「見る」ためには、**ガンマ線**（X線よりさらに波長の短い光）を電子に当てて、その反射光を顕微鏡で拡大して観察できればよい。これが今なお「思考実験」にとどまるのは、ガンマ線を集光するような「レンズ」を作るのが難しいからである。

粒子が運動するとき、それぞれの時間における位置がすべて分かれば、運動の状態が完全に再現できる。時間と位置の代わりに、**速度**（速さと運動方向）と位置のセットを用いてもよいし、**運動量**（物体の質量と速度を掛け合わせた「運動の量」、第4講を参照）と位置のセットを使ってもよい。

一般に顕微鏡の解像度は、物体に当てた光の波長と同程度であり、短い波長を使ったほど細かい物まで見分けられる。長い波長の光を使うと、波が広がって波動性が強く現れるため、像がぼやけてしまうのだ。そのため、長波長のガンマ線では電子の位置が特定しにくく、位置の誤差（図2－10に描かれた各々の円）が大きくなる。

一方、短い波長の光ほど振動数が高く、より大きなエネルギーを持つため、エネルギーの塊としての粒子性が強く現れる。短波長のガンマ線を当てると、位置は精度良く定

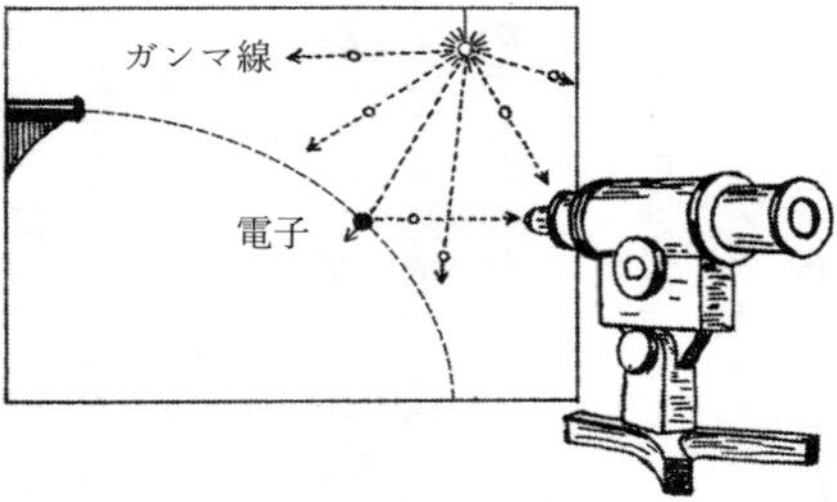

2－9　ハイゼンベルクの思考実験　文献(20)より

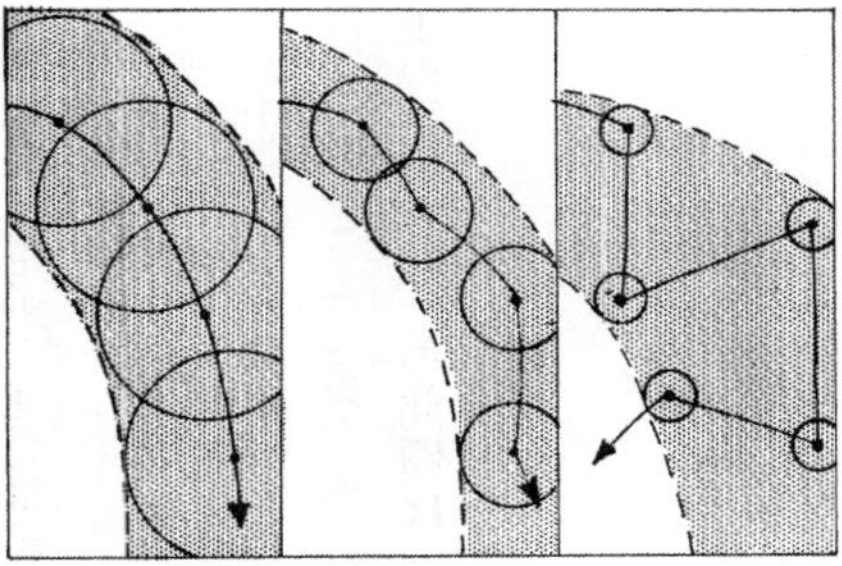

2－10　電子の顕微鏡像　文献(21)より

まるが、高エネルギーの光子との衝突で電子の運動量が大きく変化するため、運動量の誤差が大きくなる（図2－10に描かれた折れ線部分）。

つまり、観測に用いるガンマ線（光）の「二重性」のため、位置と運動量の測定が虻蜂《あぶはち》取らずになると予想される。たとえ中庸の中波長を選んだとしても、電子の位置と運動量の誤差は中途半端に残るだろう（図2－10中）。「二兎を追う者は一兎をも得ず」という諺が、量子論にも当てはまる。波と粒子の「二重性」の問題は、「位置と運動量」の不確定性と関係があったのだ。

不確定性原理

そこでハイゼンベルクは、電子の「位置と運動量」を両方とも正確かつ同時に観測する事は不可能である」という結論に達した。これが「不確定性原理（the uncertainty principle）」であり、1927年の論文中で初めて明らかにされた。(22)

不確定性原理によれば、位置と運動量の「誤差」はそれぞれ独立ではない。「正確に観測する」とは、誤差をゼロにするということだから、位置と運動量の一方の誤差をゼロにしてしまうと、不確定性原理のために他方の誤差は「原理的に」ゼロにできないことになる。

このジレンマは、位置の誤差と運動量の誤差を掛け合わせた量が常にゼロより大きいということと同じである。この量の下限値はプランク定数hを4πで割った値であり、これが厳密な**不確定性関係**である。こうして位置と運動量が相補的にとらえられ、相補性原理の一例ともなった。朝永振一郎によれば、不確定性を「原理」と見なしたことが偉いそうである。

不確定性原理の哲学は、要するに「あっちを立てればこっちが立たず」ということである。大学での勉強とサークル活動、あるいは進学と就職を考えるとき、無理にどちらか一方に決めようとすると「不確定性」のジレンマに陥ることだろう。だから若いうちは、「よく学び、よく遊ぶ」のが健全なのだ。

ハイゼンベルク（図2－11）は、直感型の天才の典型であり、独自の直感で答を見出して後から定式化するという、神様のようなスタイルを持っていた。幼少時から何でもできる神童ぶりを発揮しており、特に数学、ピアノ、チェスなどが得意だったという。学生時代に数学から物理へ転向した後、25歳のときにドイツで最年少の教授になった。晩年の著書に、『部分と全体』（山崎和夫訳、みすず書房、1974年）がある。

2－11　ハイゼンベルク

ハイゼンベルクの思考実験の盲点

ハイゼンベルクの思考実験がきっかけとなり、不確定性関係は人為的な観測に特有の問題（いわゆる「観測の問題」）だと思われてきた。不確定性原理に「誤差」が出てくるため、実験の測定誤差（第3講）を反映して成り立つ関係だという誤解を生むことになった。

しかし、この思考実験には盲点があった。注目すべきは、観測のために外部から持ち込んだガンマ線の波長による観測の不確定性というより、電子の波動性自体が持つ不確定性だった。

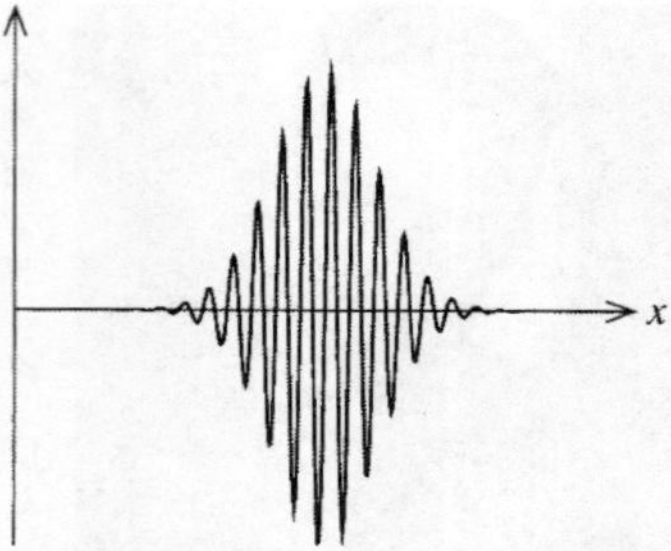

2－12　波束のモデル　文献(23)より

量子力学では、波動性を持つ粒子の個々の運動状態（位置と運動量）を、波長の少しだけ違う波を重ね合わせてできる**波束**（wave packet）で表す。波束は図2-12のような「波の束」であり、振幅は粒子のその位置にある確率を表し、波の始まりから終わりまでの長さ（波束の広がり）は粒子が存在しうる広がりを表す。この波束は**波動関数**とも呼ばれる。波動性と粒子性を両立させた波束というモデルによって、光子や電子などを扱うのだ。粒子として位置が特定できたときは、波束の広がりが小さくなるということなので、「**波束の収縮**」

と呼ばれている。

波束の広がりと波数（波長の逆数、つまり単位長さに含まれる波の繰り返し数）の誤差で積をとれば、厳密な不確定性関係が成り立つ。(24) 不確定性関係は、波動性と粒子性に関わる量子論固有の問題だったのだ。

ウェーバー‐フェヒナーの法則

法則の例として、精神物理学（あるいは心理物理学、psychophysics）の分野で最も有名な、「ウェーバー‐フェヒナーの法則」を紹介しよう。この法則は、「感覚の大きさは刺激の強さの対数に比例する」というものである。

視覚の刺激を例に挙げると、元の刺激を10倍明るくしたときの眩しさの変化と、10倍の刺激を100倍明るくしたときの眩しさの変化が変わらないということだ。これはもちろん近似則だが、感覚が対数に比例するお陰で、外界の幅広い範囲の刺激に対応できる。

フェヒナーの著作(25)には、この法則に従うと考えられる豊富な例が紹介されている。例えば光の明るさ・音の大きさ・重さ・温度から始まって、物体の大きさ（視覚や触覚を通しての知覚）や、さらには物質的および精神的豊かさにまで及んでいる。

もしかすると、金銭感覚や罪悪感なども同様の法則性を示すかもしれない。これらはたとえ精神現象だったとしても、すべて実際に脳と神経が従う自然法則なのである。

科学的理論と法則

本書で紹介する物理の「法則」の中でも、ケプラーの法則（第3・4講）やニュートンの法則（第4講）などは、それぞれ「第1法則・第2法則・第3法則」という3つ組になっている。法則を覚えるのなら、そうした順番や内容、そして発見者の名前をセットにして記憶したい。その上で3つ組の関連性について考えてみると、法則についてより深く理解できるだろう。

科学的理論と法則について、チョムスキーは次のように端的にまとめている。

「科学的理論は、いずれも有限個の観察に基づいている。そして、その理論は、（例えば、物理学においては）「質量」や「電子」といった仮説的構成概念を用いて一般法則を構築することによって、観察された諸現象を関係付けようとしたり、新しい現象を予測しようとしたりするのである。(26)」

なお、法則に基づく現象の予測には、**初期条件**（状態変化の開始時に与えられる条件）と**境**

界条件（空間の端で振幅をゼロとするなどの条件）が、前提として適切に設定されなくてはならない。法則が正しくとも、これらの前提が違っただけで結果が変わってくるからだ。例えば、「カオス」と呼ばれる現象では、わずかな初期条件の違いが予測不能な結果を引き起こすことが知られている（最終講）。

また、法則の破れや例外も意味を持つ場合がある。たとえ法則が成り立つのが特殊な場合であったとしても、法則自体を否定する必要はないのである。

科学という考え方

以上見てきたように、原理や法則に基づいて結果を予測することが科学の命であり、実験的結果に基づく検証によってその妥当性が確かめられる。法則は、「公式」や「実用」とは別次元の有用性を持っており、それ自体が自然に対する「考え方」や「哲学」という価値を持つのである。

ファインマンは、科学という考え方について次のように述べている。

「さて、科学のさらなる発展には、単なる公式以上のものが必要だ。まず、ある観察をして、次に測定した数値を得る。それから、その数値をすべてまとめるような1つの法則を得る。しかし、科学の真の栄光とは、その法則が明白だという考え方を見つけられるということなのだ。[27]」

この「法則が明白だという考え方」は、法則のさらに奥深い「真理」であり、上で説明した「原理」そのものである。

第3講と第4講で紹介するケプラーは、法則の発見を通して、「宇宙の調和」という未知なる原理を探ろうとした。第5講から第8講で紹介するアインシュタインは、原理をはっきりと最初に示すことで、「重力波」を含む数々の法則を導いて見せた。

つまり、法則から原理を見つけようとすることと、原理から法則を導くことの両方が、「科学という考え方」なのである。

★第2講　引用文献

（1）ノーム・チョムスキー（福井直樹、辻子美保子編訳）『我々はどのような生き物なのか―ソフィア・レクチャーズ』p.19 岩波書店（2015）

（2）加藤八千代『朝永振一郎博士　人とことば』p.74 共立出版（1984）

（3）ユークリッド（中村幸四郎他訳）『ユークリッド原論・追補版』p.2 共立出版（2011）

（4）A. Einstein, *Letters to Solovine*, p.62, Citadel Press（1987）

（5）チョムスキー（福井直樹、辻子美保子訳）『統辞構造論』p.10 岩波文庫（2014）
（6）『統辞構造論』p.11
（7）M・プランク（辻哲夫訳）『正常スペクトルにおけるエネルギー分布の法則の理論（物理学古典論文叢書1）』p.221 東海大学出版会（1970）
（8）Ben Crowell, http://opencurriculum.org/5467/wave-optics/
（9）R. Feyman, R. B. Leighton & M. L. Sands, *The Feynman Lectures on Physics*, Chapter 37, Addison-Wesley（1963）
（10）朝永振一郎『量子力学的世界像（朝永振一郎著作集8）』pp.3-40 みすず書房（1982）
（11）『量子力学的世界像』pp.3-14　（12）『量子力学的世界像』p.16
（13）『量子力学的世界像』pp.28-33　（14）『量子力学的世界像』pp.30-33
（15）P・A・M・ディラック（朝永振一郎他共訳）『量子力学・原書第4版』p.9 岩波書店（1968）
（16）The double-slit experiment. *Physics World*, http://physicsworld.com/cws/article/print/2002/sep/01/the-double-slit-experiment
（17）外村彰『量子力学を見る―電子線ホログラフィーの挑戦』pp.50-56 岩波科学ライブラリー（1995）
（18）『量子力学を見る―電子線ホログラフィーの挑戦』pp.54-55
（19）G. Gamow, "The principle of uncertainty", *Scientific American* 198（1）, pp.51-57（1958）
（20）ジョージ・ガモフ（鎮目恭夫訳）『物理の伝記（ガモフ全集10）』p.330 白揚社（1962）
（21）『物理の伝記』p.331
（22）W. Heisenberg, "Über den aunschaulichen Inhalt der quantentheoretischen Kinematik und Mechanik", *Zeitschrift für Physik* 43, pp.172-198（1927）
（23）吉岡大二郎『振動と波動』p.175 東京大学出版会（2005）
（24）『振動と波動』pp.176-179
（25）G. Fechner（Translated by H. E. Adler）, *Ellements of Psychophysics*, pp.112-198, Holt, Rinehart and Winston（1966）
（26）『統辞構造論』p.74
（27）*The Feynman Lectures on Physics*, p.26-3

第3講　円から楕円へ

宇宙の「宇」という文字は無限の空間を、「宙」という文字は無限の時間を表す。つまり、「宇宙」とは限りのない時空なのだ。「世界」にも、時間を表す「世」と、空間を表す「界」の意味がある。第3講では、地上から天体を見るという身近な視点で天文学への導入をして、宇宙の法則である「ケプラーの第1法則」と「ケプラーの第2法則」を紹介する。そこには、理科の教科書に書かれていない科学のドラマがある。

「7つ」の天体

地上から肉眼で見たとき、ひときわ明るく輝く7つの天体が、はるか古代より知られていた。そして、ゆっくり運動している天体ほど、我々から遠いと考えられた（実際には正しくなかったが）。その「7つ」の天体とは、遠いと考えられた順に「土星・木星・火星・太陽・金星・水星・月」である。

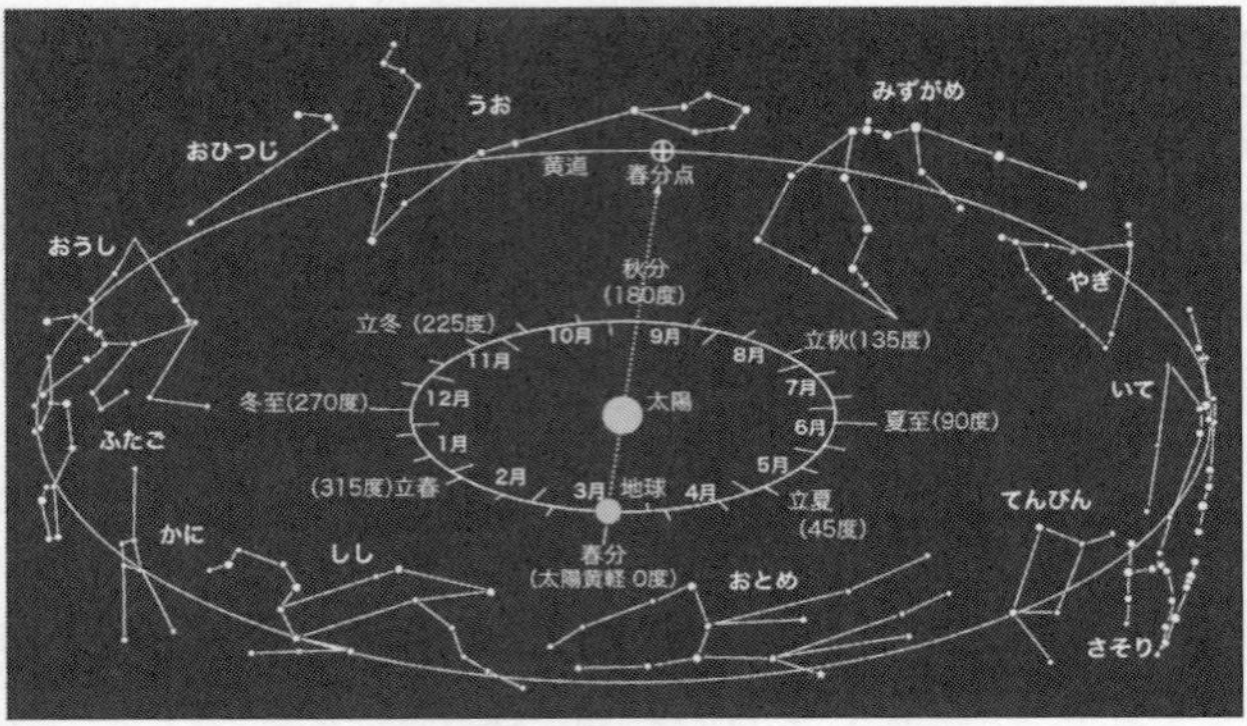

3－1　天球と黄道　URL(1)より

これらの天体は「天球」の上を毎日少しずつ動いていき、一定の周期で1周する。**天球**とは、地球を中心として、地上から見えるすべての天体を球状に見なした空に投影したときの球のことで、平面に投射すると、教材としても市販されている星座早見盤のような配置になる。星座早見盤を手にすると、天球全体が地球の自転による**日周運動**や、地球の公転による**年周運動**によって、一定の割合で回転することが分かる。

前記の7つの天体は他の星よりも地球に近いため、回転する天球上で独立して動いて見え、他の星との位置関係が常に変化していくという意味でも際立っていた。つまりこれらの天体は、決して「星座」の一部となることがないのである。

太陽は1年かけて黄道《こうどう》（天球上の太陽の通り道）を1周する（図3-1）。一方、月は約27日かけて白道《はくどう》（天球上の月の通り道）を1周する。このとき、太陽と月の相対的な位置が変わるため、新月（朔《さく》）から上弦を経て満月（望《ぼう》）へ、そして下弦を経てまた新月に戻るという月の満ち欠けが起こる。また、月が地球の周りを一周する間に地球が太陽の周りを公転して、約27度ほど先に行ってしまうため、満ち欠けの周期（朔望月）は少し伸びて約29日となる。

さて、現在私たちが使用している曜日には、これら太陽系の7つの天体が配されている。その由来は、紀元前2世紀頃のヘレニズム期（アレクサンドロスの東方遠征以後）まで遡る[2]。有力な説によれば、当時は7つの天体「土星・木星・火星・太陽・金星・水星・月」が順番に1時間交代で守護星となると信じられていた。1日目の第1時は土星から始まり、第2時は木星で、以下この順番で守護星が代わっていく。24時間経つと、3巡に加えて3つの天体を経るので、1日目の第24時は火星であり、2日目の第1時は太陽（日）である。同じ要領で、3日目の第1時は月となる。

こうして第1時の守護星（その日の守護星）を7日目まで順にたどると、「土・日・月・火・水・木・金」の順になるのだ。この順番が1週間の「曜日」として、今なお世界中で使われている。

以上のように、暦が天体の運動を基本として作られた一方で、暦の「月」の名称では、古代ローマのユリウス・カエサルやアウグストゥスが誕生月の名前を自分の名に据え変えたように（JulyとAugustの由来）、人間の権謀術《けんぼうじゅつ》数《すう》で決められたものもあって面白い。

「6つ」の惑星

7つの天体のうち太陽と月を除く天体は、太陽の通る黄道に沿ってその周りを行きつ戻りつ、さまよい惑うように運動するために、「惑星」と呼ばれた。planetという英語の語源は、ギリシャ語のプラネテス（さまよう者）だ。

3－2　太陽と「6つ」の惑星

惑星の中で一番明るいのは金星（宵の明星《みょうじょう》、明けの明星）だが、その次が木星で「夜半の明星」と呼ばれることはあまり知られていない。木星は最大の惑星なので、遠くにあっても明るく輝くのだ。

火星は最接近時には木星より明るくなるものの、普段は三番手に甘んじている。水星は日の出か日没時に金星より低い地平線付近（つまり太陽に近い方角）にしか見られないので、観察は難しい。

土星は空気の澄んだところなら肉眼で見えるが、土星の輪を見るには望遠鏡が必要だ。なお、土星よりさらに遠くの惑星である天王星は18世紀に、海王星は19世紀に発見された。

ここでは16世紀のヨーロッパに遡って、「土星・木星・火星・地球・金星・水星」という、地球を含めて当時知られていた「6つ」の惑星（図3－2）に注目する。

地動説という考え方

「**地動説**（太陽中心説）」に基づく太陽系のモデルから出発しよう。地動説は、**コペルニクス**（**Nicolaus Copernicus**, 1473-1543）が、亡くなる直前に出版した『天球の回転について』によって、広く知られるようになった。図3－3は、そうした太陽系のモデルを示したもので、左図の地球より内側を右図に拡大してある。

それぞれの惑星の**公転周期**は、天球を1周する時間としてすでに正確に測られていた。おおよその値は、水星は3ヵ月、金星は7ヵ月半、地球は1年（365.256日）、火星は2年弱（687日）、木星は12年、土星は30年である。

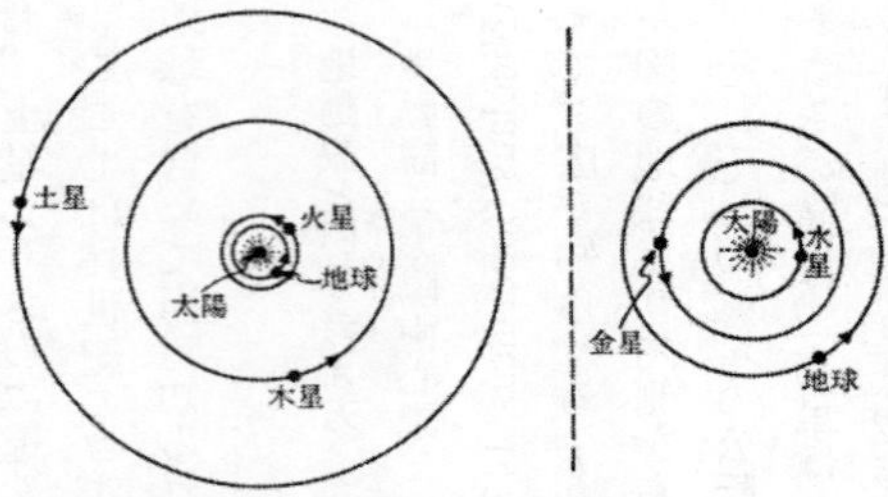

3－3　太陽系のモデル　文献(3)より

もう一つ当時の天文観測で測られた重要な値は、天体同士の相対的な「角度」だった。正確な角度の測定から、回転する天球上に、天体の位置を正しく定めることができた。

太陽からそれぞれの惑星までの軌道半径と、地球までの軌道半径の比、すなわち「軌道半径比」は、角度の測定から精度よく計算できていた。そのため、もし太陽系の中でどこかの距離が1つでも定められれば、惑星の位置関係をすべて決めることができたのである。地動説と対立する「天動説（地球中心説）」では、そもそも天体間の距離という考え自体を導き出すことができず、2説の優劣を決定づけることになった。

実際に天体間の距離を計測する方法としては、例えば、地上の離れた2つの地点（両者の距離を測定しておく）から同時刻に月を観察して、両者の角度の差を求めれば月までの距離が測れる。これは「三角法」の応用である。また、現代のレーダー技術で、電波が惑星から反射されて返ってくるまでの時間を計れば、地球に近い火星や金星、そして水星までの距離を直接知ることができる。

ヨハネス・ケプラー

3－4　ケプラー

第3講の主役はケプラー（Johannes Kepler, 1571-1630）である（図3－4）。ケプラーはドイツの天文学者で、長年にわたる超人的計算と、信じられぬ洞察力により、3つの法則を発見した。視力が低かったため、天文観測ではなく観測結果の計算と理論化に徹したと言われている。第2法則が最初に発見され、その後に第1法則が明らかにされた。第3法則に到達したのはさらにその後である。なお、これらの「ケプラーの法則」は後世による命名である。

ケプラーは努力の人であった。例えば火星に関する計算をするのに、180個の計算を行った後にその結果をすべて足し合わせる必要があったが、ケプラーはその全計算の検算を40回も行ったという。天才肌のガリレオやニュートンに対し、ケプラーは努力型であった。作曲家で言うと、バッハやモーツァルトに対するベートーヴェンと似ている。

ケプラーはとりわけ、2つの難問に挑戦した。第1の難問は、「惑星はなぜ6つなのか？」というものである。そして第2の難問は、「惑星の公転周期と軌道半径の間に何か関係があるのか？」というものだ。いずれの問題にも、ケプラーのように人生を賭けて挑戦した人はそれまでいなかった。「広大なる天体には、いかなる定規があるというのか」とケプラーは書いている(4)。

第1の難問は、残念ながら適切な問題設定ではなかった。当時知られていなかっただけで、惑星は実際に8つ以上あるのだから。しかし、その難問に取り組もうとしなかったら、最初の2つの法則は見つからなかったかもしれない。一方、第2の難問は見事に正鵠を射ていた。そしてその努力は第3法則として実を結ぶことになる（第4講）。

ケプラーを悩ませ続けた惑星の運動は、確かに一筋縄ではいかなかった。しかし、その軌道は一周すれば確実に元の場所に戻るという、揺るぎのないものであった。そこで素朴な発想が生まれる。惑星の軌道が決まっているのは、きっと何か見えない「枠」があるためではなかろうか、と。

「5つ」の正多面体

そこでヒントとなったのが、**正多面体**の存在だった。正多面体とは、すべての面が合同の正多角形で、かつ頂点に集まる面の数が一定の凸多面体である。そのような正多面体は、正4面体、正6面体（立方体）、正8面体、正12面体、正20面体の5つに限られる（図3-5）。平面では凸正多角形の種類に限りがないのに、立体の正多面体となると5つだけなのである。

正4面体、正6面体、正8面体はすでに古代エジプトで知られており、正4角錐（底面が正方形で側面が3角形なので正多面体ではない）のピラミッドが多数作られたことからも、立体幾何学への強い関心がうかがえる。

正12面体と正20面体を初めて発見したのはピタゴラスの後継者達（ピタゴラス学派）であり、プラトンの著作で広く知られるようになった。

3－5　5つの正多面体　文献(5)より

彼らはさらに正多面体が5つに限られることも証明したと言われている。その門外不出の証明は、『ユークリッド原論』全13巻（14巻と15巻は後世に追加された）の末尾を飾っている。[6]

その証明は、正多面体の1つの頂点に正多角形が何個集まりうるかを検討する方針で進める。具体的に正3角形・正方形・正5角形……を3個・4個・5個……と1点で合わせてみて、凸型に組めるかどうかを吟味すれば、自力で証明ができるだろう（☆）。

ちなみに数学者の**オイラー**（Leonhard Euler, 1707-1783）は、正多面体に限らずあらゆる多面体で、穴が開いていない限り、一定の法則があることを発見した。１つの多面体で、その面の数と頂点の数を加えて、辺の数を差し引けば、必ず2となるのだ。この関係は、**オイラーの多面体公式**と呼ばれる。

正多面体の各々について、この定理を実際に確かめてみよう（☆）。一般の多面体での証明は、**グラフ理論**で見通しよく行うことができる。(7) この定理を発見したオイラーは、「ユーリカ！」と叫ばなかっただろうか。

話を戻す。ケプラーは問い続けた。太陽の支配を共に受ける6つの惑星には、普遍的に成り立つ法則がきっとあるに違いない。そもそも、なぜ惑星は6つしかないのか。なぜ正多面体は5つしかないのか？ 数字の6と5には関連があるかもしれない……。

「そこでピュタゴラスは、このすべての秘密を、五つの立体図形をもってあなたに教えてくれる」とケプラーは書いている。(8)

『宇宙の神秘』、最初のひらめき

ケプラーの最初の著作は、略称（全タイトルはかなり長い）『宇宙の神秘(9)（*Mysterium Cosmographicum*）』で、ラテン語で書かれた。執筆は1595年から翌年にかけてで、ケプラー24歳のときだった。

この本は全23章からなり、前半は神話を語るような調子だが、後半の13章から別人のように実証的になっている。この不思議な研究を支えていた力の1つは、タイトルにあるような「神秘」主義、つまり数同士の関係性から宇宙をとらえる動機づけにあった。そうした思想のルーツはピタゴラス学派にあり、2100年も経ってケプラーによって受け継がれるとは、彼らも予想しなかっただろう。

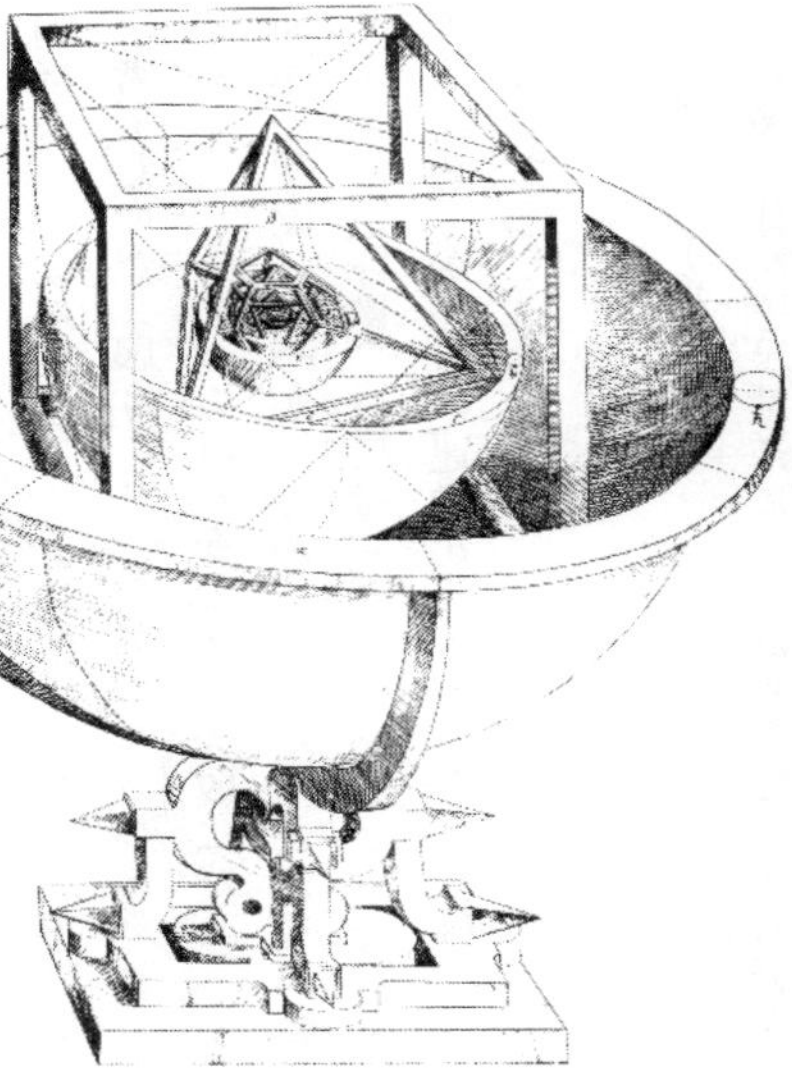

3－6　ケプラーの宇宙モデル　入れ子にした6つの球面に接するように、外側から正6面体、正4面体、正12面体、正20面体、正8面体を順に配置した　文献(10)より

　しかし、神秘主義だけにとどまらなかったのがケプラーの偉大さであり、対称性や**極小性**（仮定や前提を最小限にすること）という指導原理に対する直感を重視していた。その意味で、この著作は近代科学の芽生えであった。

ケプラーの最初のひらめきは、数字の6と5の関連性にあった。6つの惑星「土星・木星・火星・地球・金星・水星」の軌道に球面を当てはめたとき、その「すき間」は5つある！「すき間」のそれぞれに5つの正多面体を当てはめて、両側に来る球面が正多面体に内接あるいは外接するように配置すれば、惑星間の軌道半径比の「必然性」が明らかになると考えたのだ（図3-6）。

しかし、この試みは残念ながら失敗に終わった。計算の結果、観測データに最も合う正多面体の配置は見つかったが、特に木星と水星の軌道は、コペルニクスのデータと合わなかった（『宇宙の神秘』14章）[11]。それでもケプラーは自信に満ちていた。眼に見えない何かの「力」や「構造」が惑星の運動を決定するという確信は、この研究を通してより強固なものになったのであろう。

ケプラー予想

正多面体を惑星軌道に当てはめたことでも分かるように、ケプラーは立体に強い関心を持っていた。立体の問題に関連して、彼は有名な「ケプラー予想」を、後生への宿題として残している。一般に数学的な「予想」とは、証明なしに結論を予期したものである。

ケプラー予想は、「同じ大きさの球を箱に最もたくさん詰め込む方法は、どの球も他の12

個と接するような配置である」というものだ。ケプラーが今から４００年前の１６１１年に出した小冊子『新年の贈り物――六角形の雪片』に記されている。[12] ケプラーの科学的な関心が、雪片や蜂の巣といった身近な自然の「構造」にまで及んでいたことに、改めて驚かされる。

図３－７の左右はそれぞれ、下のような１層の配置に対して上のように球を積んだ様子を表している。左では４つの球を、右では３つの球を上に積んでいる。それでは、左右のどちらの配置の方が球をたくさん詰め込めるだろうか？（☆　答はすぐ後）

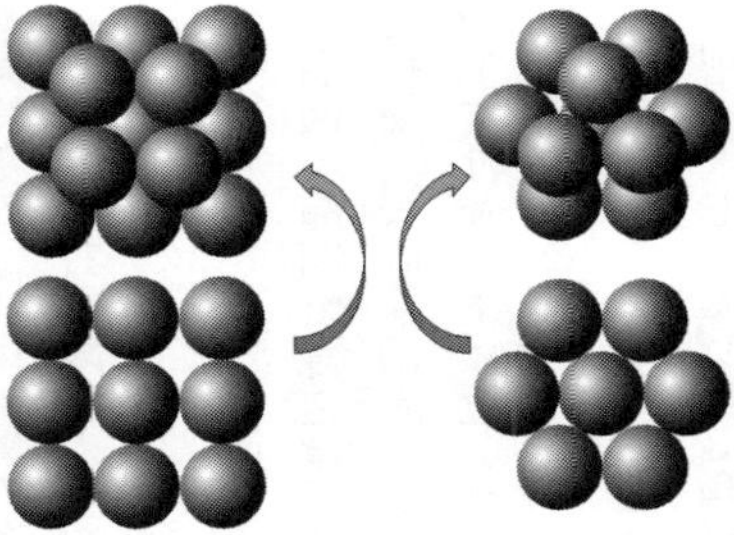

３－７　ケプラー予想

身近なところでは、箱詰めのみかんで試してみるとよい。１つの球に他の球ができるだけ多く接するほど、箱にたくさん詰め込める。

左下図のように球を正方形の形で１層に並べると、外側にない限り１つの球が周りの４つ（縦と横）の球と接する。縦横で互いに接する４つの球が繰り返しの最小単位となっているので、この配置を**正方格子**と呼ぶ。

左図の範囲で言えば、第１層の窪みには４つの球を置くことができ、左下図で中心にある球は新たに置いたこれら４つの球すべてと接する（左上図）。球を上ではなく下に置いても同様なので、第1層の各球は、合計12個（4個×3層）の球と接することになる。

今度は、右下図のように球を正6角形の形で1層に並べると、外側にない限り1つの球が周りの6つの球すべてと接する。また、互いに接する3つの球が繰り返しの最小単位となっているので、この配置を正3角格子と呼ぶ。

右図の範囲で言えば、第1層の窪みには3つの球を置くことができ（正3角形または逆3角形）、右下図で中心にある球は新たに置いたこれら3つの球すべてと接する（右上図）。球を上ではなく下に置いても同様なので、第1層の各球は、合計12個（6個＋3個×2層）の球と接することになる。

したがって、図の2通りの配置では、どちらも球を同じ密度で詰め込められるというのが正解だ。しかも、正3角格子に並べたものを、右上図のように真上からではなく、側面から見直せば、正方格子が現れる。具体的には、側面の3方向（上から見て時計の2時、6時、10時の向き）から見ると、4つの球が奥側に傾いた正方格子を成している！　すなわち右図の配置は、左図の配置を部分的に含んでいるのだ。

逆に、正方格子に並べたものを、左上図のように真上からではなく、側面から見直せば、正3角格子が現れる。具体的には、側面の4方向（上から見て時計の12時、3時、6時、9時の向き）から見ると、3つの球が奥側に傾いた正3角格子を成している。すなわち左図の配置は、右図の配置を部分的に含んでいることが分かった。

さらにたくさんの球を積むと確かめられるように、正3角格子の層と正方格子の層は完全に同じ配置なのである。なお、最小単位が正5角格子以上になると、格子内にできるすき間が大きくなるため、たくさん詰め込む方法には適さない。正多角形の配置に限るなら、これでケプラー予想が確かめられたことになる。

しかし、各層が平面ではなく曲面となるような複雑な配置や、層に還元できない不規則な配置は未検討である。実際、「正3角格子および正方格子の層に勝る配置は他に存在しない」ということを数学的に証明するのは至難の業であり、400年の長きにわたって数学者の挑戦を寄せ付けなかった。20世紀はじめに現代数学の指針となるような未解決問題を集めた「ヒルベルト問題」では、23問中第18番目にケプラー予想が挙げられている。

1998年になって、ヘールズ（Thomas Hales, 1958-）がコンピュータを用いたケプラー予想の証明法を発表した。人間ではなく機械が行った計算が、正当な「証明」として認められるか、そしてその計算のプログラムは完全なのか、といった点で論議の的となった(13)。その後、検証作業に多大な労力が傾けられ、証明完成の最終報告が2014年の夏に発表された(14)。ケプラーは、そうした論理的で厳密な証明を経ることなく真理を予想したのだから、驚くべき直感あるいは強運の持ち主だと言えよう。

当時の天文学者との違い

ケプラーは、若くして独自の研究を始めた当初から、当時の天文学者の誰とも違っていた。そもそも彼の『宇宙の神秘』は、コペルニクスの死後50年を過ぎて、地動説の正しさを世にはっきりと示した最初の著作であり、ガリレオの『天文対話』や『新科学対話』より40年も先んじていた。その後に続いたガリレオの宗教裁判（17世紀前半）に象徴されるように、地動説を異端視する当時の状況を考えれば、それは勇気と大胆さの両方が必要だったろう。

ケプラーは、コペルニクスへの賛辞を惜しまない一方で、「だが、何よりもまず、コペルニクスの数値を計算しなおし、特に現在のわれわれの課題に適合するようにしなければならない」(15)と述べている。ケプラーが正多面体を惑星軌道のすきまに当てはめようとした際などに、コペルニクスのデータとの一致にそれほどこだわらなかった一因は、そこにある。

ケプラーによれば、コペルニクスは、精度の高いデータを使うことをそれほど意識しなかっただけでなく、自説に都合の良いデータの選択や改ざんがあったという。

「コペルニクスは、さまざまな演算を通じて、証明の結果としては完全に符合するはずだった諸々の数値が、たとえその細部に若干のくい違いをもっていても、それをしりぞけてはいない。彼は、ヴァルターやプトレマイオス、その他の人々の観測結果を収集して、その中から、計算を組み立てるのに一層便利な部分を利用した。その際、時間においては数時間の、角度においては四分の一度もしくはそれ以上の違いを、ときどき無視したり変更したりすることに何のためらいも見せてはいない。[16]」

科学的データの不正な取り扱いに対してその倫理性が問われている昨今だが、このように近代科学が誕生したときからデータに対する正しい認識があったということを心に留めておきたい。一般的には「コペルニクス的転回」と言われるが、観測データに基礎を置く真の科学の夜明けをもたらしたケプラーに敬意を表して、「ケプラー的転回」と呼ぶのが適切だと私は考える。

理論にデータを合わせるのではなく、データに理論を合わせるのが科学である。事件の捜査でも、捜査方針に合わせて証拠をそろえる限り、仮説に合わない手がかりや証拠は意識的にしろ無意識的にしろ採用されにくいから、なかなか冤罪《えんざい》がなくならないのだろう。どんな分野であっても、ひたすら証拠となるデータの収集に徹して、様々な議論に虚心坦懐に耳を傾け、理性によって事実を吟味するしかない。次のケプラーの言葉を嚙みしめたい。

「神学においては権威の重みを、哲学においては理性の重みを考量すべきである。[17]」

新たなデータを力に

ケプラーは1600年頃、『宇宙の神秘』を高く評価したブラーエ(Tycho Brahe, 1546-1601)から、プラハ郊外のベナトキィ城に来るように招かれた。観測データを整理する助手として雇われたのだった。ブラーエは当時としては最高の観測器械を備えた天文台を運営していて、六分儀(60度までの目盛環付き)を発明したり、壁面を利用した巨大な四分儀(90度までの目盛環付き)を設置したりした。そうした工夫により、10秒ほどの観測精度を誇っていた(なお、分も秒もここでは角度を測る60進法の単位として、1分は$\frac{1}{60}$度、1秒は$\frac{1}{60}$分である)。

ただし望遠鏡は、当時発明されていたが実用化はされていなかった。望遠鏡が初めて天体観測に使われたのは、ケプラーの法則が最初に発表された1609年頃である。[18] イギリスのハリオット(Thomas Harriot, c.1560-1621)は、初めて望遠鏡で月を観察してスケッチを残している。天文観測は、一番身近な天体である月に始まり、月に終わると言われる。なお、観測所や天文台のことを英語で observatory というが、それは observe(観察する)という言葉が元になっている。

ケプラーとブラーエの出会いは、歴史的に見れば理論（法則）と実験（観測データ）を結びつける理想的なものであったが、同宿した二人の天才の関係は、ゴッホとゴーギャンの場合と似て、緊張状態が続いたという。ブラーエは天動説を支持していたし、自分の観測データを出し惜しみしながら、最も解析が難しい火星のデータをケプラーに渡した。ケプラーは次のように述べている。

「チコ［ブラーエ］は最良の観測結果をもっており、したがって、いわば新しい建物を建てる資材を持っているわけです。彼はまた、何人もの協力者を持ち、望むものなら何でも手に入れることができます。ただ一つ、彼に不足しているのは、独自の設計図を持ち、それに従って、このすべてを使いこなす建築家です(19)。」

この「独自の設計図」は、科学的な着想・考え方、研究の構想、ひらめきといったものであろう。誤差の少ない確実なデータを持っていても、それだけでは宝の持ち腐れなのだ。

ブラーエの死後、彼の遺した貴重な観測データをケプラーが入手した。ケプラー以外にそのデータを生かせる人はいなかったのだから、それは正当なことであった。なお、ブラーエの死には水銀中毒による謀殺説が囁かれていたが、近年の科学的検証によれば根も葉もないゴシップであった。[20]

データの「誤差」

データの「誤差」（真の値からのずれ）と一口に言っても、その不確かさには主に5つの要因があるので、ここでまとめておこう。

1　測定対象に起因するもの

対象となるデータ自体が誤差（ゆらぎ）を持つ場合である。例えば、花粉中から放出された微粒子が水面上で示す不規則な運動は「ブラウン運動」と呼ばれ、確率的に生じるゆらぎの典型例である。

2　測定環境に起因するもの

データを測定する環境中の外乱ノイズが誤差となる場合である。例えば、星がまたたいて見えるのは、大気のゆらぎが主な原因であり、しかも上空の雲が光の不均一な減衰を引き起こす。

3　測定手段に起因するもの

測定する装置にも、その性能によっては電気ノイズなどが含まれており、誤差の原因となる。ノイズの周波数が限られていて信号域と異なる場合は、ノイズフィルターによってノイズを除去できる。

4　測定者に起因するもの

これは盲点になりやすいことだが、装置の設定や目盛りなどを読み取る際に、目視の精度や読み違いが誤差となる場合がある。さらに心理的な要因もあって、結果を予想しようとする実験者の先入観がミスを誘導するかもしれない。

5　データ処理に起因するもの

以上の誤差を何とか最小限に押さえられたとしても、データ処理の段階で計算ミスをしては元も子もない。それから、四捨五入やモデル化による誤差の積算もあるから、最後まで気を抜いてはいけない。

科学で最初の適切な難問

ティコ・ブラーエが観測した精度の高い火星のデータを前にしたケプラーは、すぐに新たな難問に直面した。火星のさまざまな位置における角度から計算すると、火星と太陽の距離（軌道半径比）は、軌道を一周する間に刻々と変化する。また、一定期間の位置変化から計算した火星の公転速度も一定ではない。

それにもかかわらず、火星の公転軌道は一定のものに厳密に決まっており、火星は一周すると必ず同じ位置に現れる。そこには、第2講で見たような不確定性は存在しない。では、火星の位置（軌道）と運動量（速度）はどのように決まっているのだろうか？

これは、近代科学が直面した最初の適切な問題設定だったと言える。

『新天文学』、難問への前進

1609年にケプラーは、『新天文学[21]（*Astronomia Nova*）』を出版した（図3‐8）。その全タイトルは、「偉大なティコ・ブラーエ師の観測による火星の運動についての注解によって述べられた、原因を説明できる新天文学つまり天体物理学」であり、内容が端的に表されている。

特に「原因を説明できる」とあるように、因果律による「説明」を重視していることが分かる。さらに「本書に対する序論」では、「天文学全体をこの著作では虚構の仮説でなく物理的原因に委ねる」[22]と高らかに宣言されている。

5部構成・全70章からなるこの大部の書は、1605年までにはほぼ完成しており、そのときケプラーは34歳だった。この本が科学史の中でも特異的なのは、推論の過程をできるだけ忠実に記録している点である。誤った推論や結果も、後で消してしまうことなく、どのような根拠で訂正したり修正したかが分かるように書かれている。以下、この本に述べられている主に2つの法則の発見の過程をたどってみよう。

火星の軌道の計算で試行錯誤を繰り返していたケプラーは、次のような重要な着想を得た（第40章）。

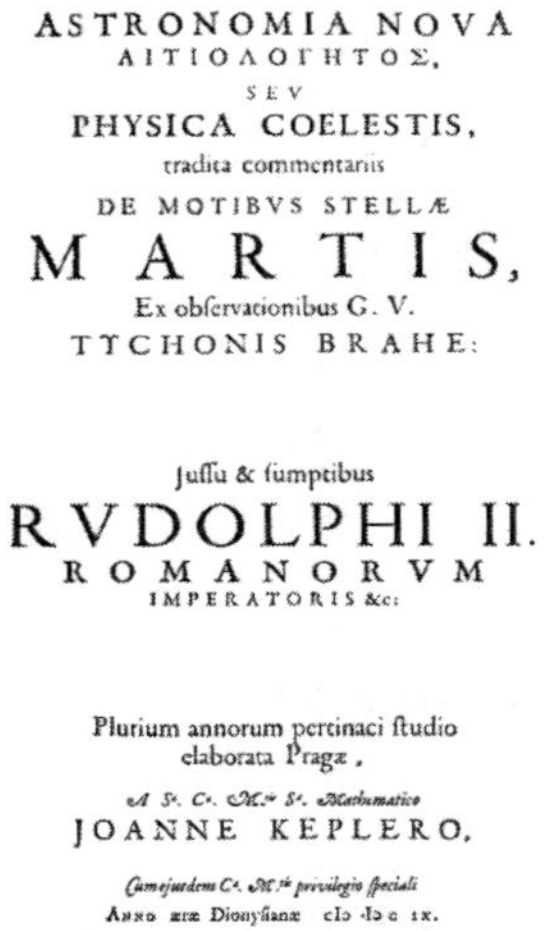
ASTRONOMIA NOVA
ΑΙΤΙΟΛΟΓΗΤΟΣ,
SEU
PHYSICA COELESTIS,
tradita commentariis
DE MOTIBVS STELLÆ
MARTIS,
Ex obſervationibus G. V.
TYCHONIS BRAHE:

Juſſu & ſumptibus
RVDOLPHI II.
ROMANORVM
IMPERATORIS &c:

Plurium annorum pertinaci ſtudio
elaborata Pragæ,

A S^s. C^s. M^{tis} S^s. Mathematico
JOANNE KEPLERO,

Cum ejusdem C^s. M^{tis} privilegio ſpeciali
Anno æræ Dionyſianæ cIↄ Iↄ c ix.

3－8 『新天文学』の題とびら（1609年）

「離心円上の点は無限に多く、そこまでの距離も無限に多いとわかったとき、離心円の面の中にはこれらの距離が全て含まれているという考えが心に浮かんだ。かつてアルキメデスも直径に対する円周の比を求めた

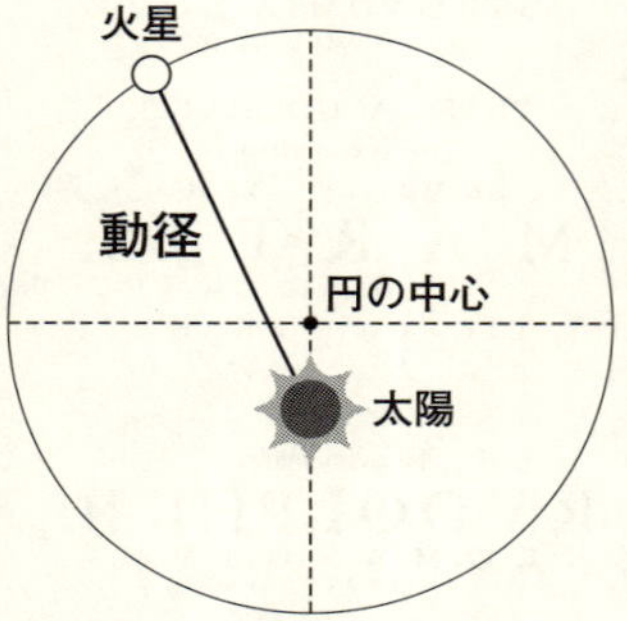

3－9　離心円と動径

とき円を無限に多くの三角形に分割したことを思い出したからである。[23]」

ここで、「直径に対する円周率πの」とは円周率πのことであり、アルキメデスが初めて理論的に扱ってその近似値を明らかにした。アルキメデスは、円に内接する正6角形（すべての頂点が円と接する）と、同じ円に外接する正6角形（すべての辺が円と接する）を書き、この2つの正6角形の周の長さの間に円周の長さが来ると考えた。さらに正12角形、正24角形、正48角形、正96角形と順に分割を繰り返していって、円周率の値を3.14まで正しく求めている。[24]

また、ケプラーの言葉の「無限に多くの三角形に分割」とは、正多角形の1辺を底辺として、その辺の両端と円の中心が作る2等辺3角形を考え、その2等辺3角形を単位として円を等しく分割するという意味である。

当初仮定されていた円軌道では、中心に太陽を置き、円周上を惑星が運動する。しかしこの円軌道は実際のデータと合わない。そこでケプラーは、円の中心から少しずれた所に太陽を置く「離心円」を検討した（図3‐9）。太陽から惑星までを結ぶ直線が「動径」であり、この引用の「距離」は動径の意味で使われている。離心円でも、火星の軌道が円であることに変わりはないが、これなら太陽から惑星を結んだ動径の長さが常に変化することが説明できる。

離心円上を惑星が移動すると仮定したとき、無数の動径をそれぞれ小さな3角形として集めれば「面（面積）」を成すのではないか。つまり、惑星の運動に伴って動径が掃く（動径によって塗りつぶされる）部分に面積が生まれる。そこで「軌道の面積」に注目するというアイディアがひらめいたのだろう。そのヒントとなったのは、アルキメデスの発想だった。

「奇跡」の法則発見

ケプラーの2つの法則のうち、後から発見された惑星の軌道に関する法則の方がより基本的だと考えられるため、「第1法則」と呼ばれるようになった。最初に発見された運動の様子に関する法則は、「第2法則」と呼ぶのが現在の慣例である。19世紀後半に出版されたマクスウェル（第5講）の本では、実際の発見順に従って、第1法則（運動の様子）、第2法則（惑星の軌道）となっている。(25)

『新天文学』の第40章で、ケプラーは次の3つの命題を導き出した。

①惑星の軌道は円であり、中心からずれた所に太陽がある。
②惑星の等しい弧での所要時間は、太陽からの距離に比例する。
③惑星と太陽間の距離の和は、動径が掃く面積に等しい。

この②と③を合わせて考えてみる。太陽からの距離が伸びると、その分だけ時間をかけて動径が動くことになるから、一定時間内に動径が掃く「面積」は惑星の位置によらないことになる。これが「ケプラーの第2法則」である。

しかし残念なことに、これら3つの命題はすべて誤りだった。②のように、惑星は太陽から離れるほどゆっくり運動するという傾向はあるが、所要時間と距離が厳密に比例するのは、惑星が太陽に最も近づく**近日点**（近点）と、太陽から最も遠ざかる**遠日点**（遠点）の2点のみに限られる。惑星軌道の動径は、この2点でのみ軌道の接線と垂直に交わるからそうなるのだ。①のような離心円を仮定するなら、動径の長さが常に変化するため、上で述べたアルキメデスの方法によって2等辺3角形で円を等しく分割することができないから、③は正しくない。ここでケプラーの言う「距離の和」は、1つの動径を対称軸とするような2等辺3角形の面積で計算するため、その面積を1周分足し合わせても、離心円の全面積と一致しないのである。ケプラー自身も、この事実を「偽推理」だと認識していた。(26)

ケプラーは、火星の軌道に対して①と③が両方とも誤った命題であることを認め、「2つの誤り」と呼んだ上で、双方の誤差が「精確に相殺し合う」と考えたのである。(27) しかしこの推論もまた誤りだった。

つまり数学的には正しい法則を導くことがことごとく不可能に見えるのだが、失敗を恐れず進んで行き、たどり着いた法則は、奇跡的に正しかった。これぞ、科学の発見に必要な「限定的いい加減さの原理(28)（the principle of limited sloppiness）」の典型例であろう。

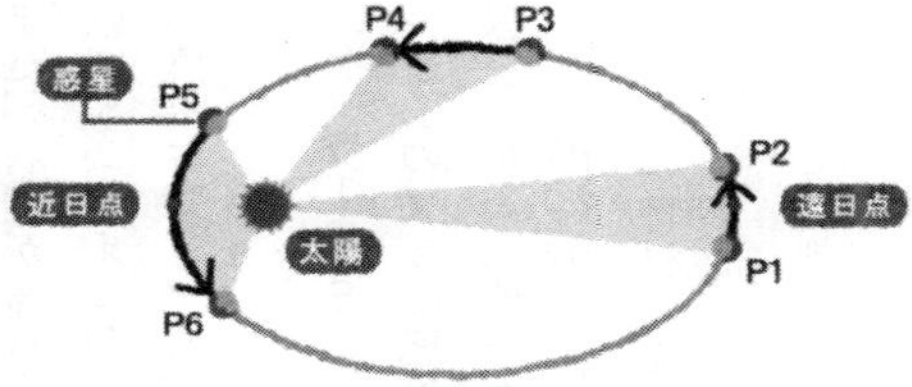

3－10　ケプラーの第2法則　文献(29)より

ケプラーの第2法則

時間変化あたりの面積変化を「面積速度」と言う。この考えを使って、改めて今説明した法則を述べると、次のようになる。

ケプラーの第2法則：惑星の動径が掃く「面積速度」は一定である。

図3－10の軌道の左端が近日点であり、そこで速度が最大となる。

また、右端が遠日点であり、そこで速度が最小となる。第2法則によれば、軌道上のどの位置でも（例えば影で示した3つの部分）、動径が掃く面積速度は変わらない。また、火星以外の惑星に対しても、この第2法則は成り立つ。

ケプラーのさらなる苦悩

以上のように惑星の運動に関する新たな法則が得られたわけだが、観測データによれば、火星の軌道は明らかに離心円から外れている。球や円のような完全な「対称性」や「調和」は、なぜ成り立たないのだろうか。

『宇宙の神秘』を書いた後のケプラーは、数年にわたって試行錯誤の連続だったようだ。『新天文学』の第44章に至ってもなお、火星の軌道が卵形だと考えて計算を行っていた。その時点で観測から判明していた軌道の形の特徴をまとめると、次の通りである。

- 軌道は円からずれた形をしている。
- 軌道は線対称で、太陽はその対称軸上にある。
- 太陽は対称軸の中心よりずれた位置にある。

地動説によって、太陽は太陽系の中心に位置づけられたはずなのに、なぜ太陽は軌道の中心にないのだろうか。

図3－11では、差が分かりやすいように円からのずれを誇張して火星の軌道（太線）を描いている。軌道の内側で、対称軸の半分を**長半径** a として、それに直交する線分を**短半径** b とする。また、対称軸の中心を C として、C からずれた点 A に太陽があるとしよう。

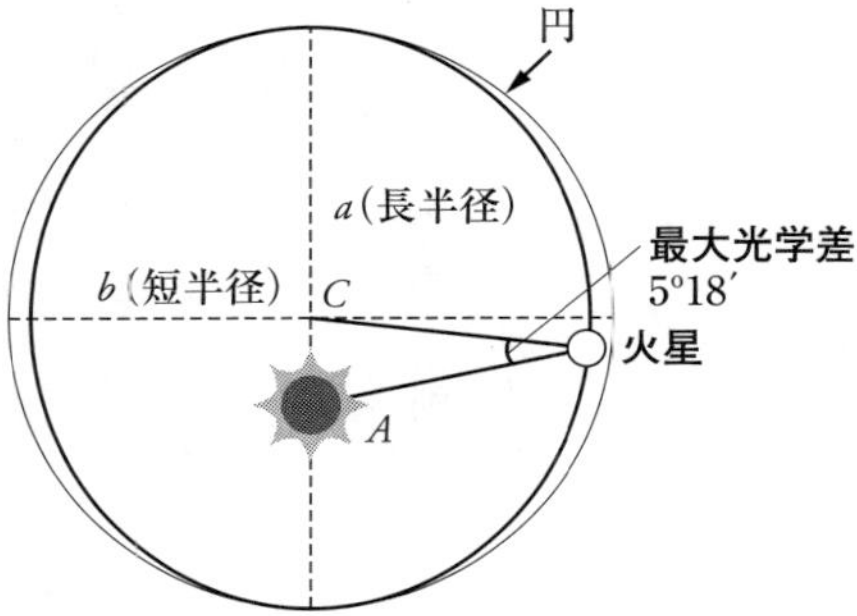

3－11　火星の軌道

ケプラーは、火星と C を結ぶ線分と、火星と A を結ぶ線分（動径）の成す角度を求めてみた（図3－11）。この角度は「視覚的均差（optical equation）」と呼ばれ、軌道上の火星の位置によって変化する。軌道が長半径と交わる近日点と遠日点では、視覚的均差がゼロとなる。

視覚的均差は、軌道が短半径と交わるあたりで最大値をとり、その値は、5度18分（5°18′と書く）だった。また、長半径 a と短半径 b の比を求めると、1.00429倍であった。この角度5°18′と1.00429という数値の間に、ある数学的な関係性を見出すことで、ケプラーは新たな法則を発見したのである。

現在の私たちは惑星の軌道がどうなっているかを知っているはずだが、上記の角度と数値の関係性にピンと来ていない読者には、ケプラーの苦悩と歓喜を追体験できる「楽しみ」が控えていると言えよう。(30)『新天文学』で扱われている膨大な数値の中で、この特別な数値の関係性が発見できたのは、ケプラーの驚くべき記憶力と集中力の賜《たまもの》であった。

ケプラーの第1法則

そうしてケプラーが到達した法則は、次の通りである。

ケプラーの第1法則：惑星は太陽を焦点とする楕円軌道上を運動する。

これは、火星に限らずすべての惑星の公転運動に当てはまる。

なお、楕円には焦点が2つあるが、そのどちらか一方に位置する太陽に対して、惑星が楕円軌道を描く（図3-12）。もう一方の焦点には、何もないことに注意しよう。

『新天文学』の第59章では、「周転円［ここでは円軌道の意味］の直径上で秤動《ひょうどう》［平均の状態から変位すること］する火星の軌道が完全な楕円になること、および円の面積が楕円周上にある点の距離の総和を測る尺度になることの証明」というタイトルを付けて、「楕円軌道」の発見を高らかに宣言している。

以上のような大きな前進にもかかわらず、７歳年長のガリレオはケプラーの仕事を認めようとせず、『宇宙の神秘』と『新天文学』の両方を黙殺したそうである[32]。そもそもガリレオがケプラーの法則を吟味したかどうかさえ疑わしい。長らく円だと信じられてきた惑星の軌道が、実際には楕円だとするこの革命的な発見は、ガリレオにとってどうしても受け入れがたかったのだろう。アインシュタインは「ガリレオがケプラーの仕事を認めなかったという話に私の心はいつも痛みを感じています[33]」と述べている。

奇しくもガリレオの没年に生まれたニュートンは、楕円軌道を疑いの余地のないものとして「再発見」することになる（第４講）。

なお、軌道を離心円とするなどの間違った仮定で導いた第２法則の導出法を、ケプラーは楕円軌道を見出した後でもなかなか修正しなかった。ケプラーが楕円軌道に基づいて第２法則を証明したのは、１６２１年に出版した『コペルニクス天文学概要（*Epitome Astronomiae Copernicanae*）』の第５巻に

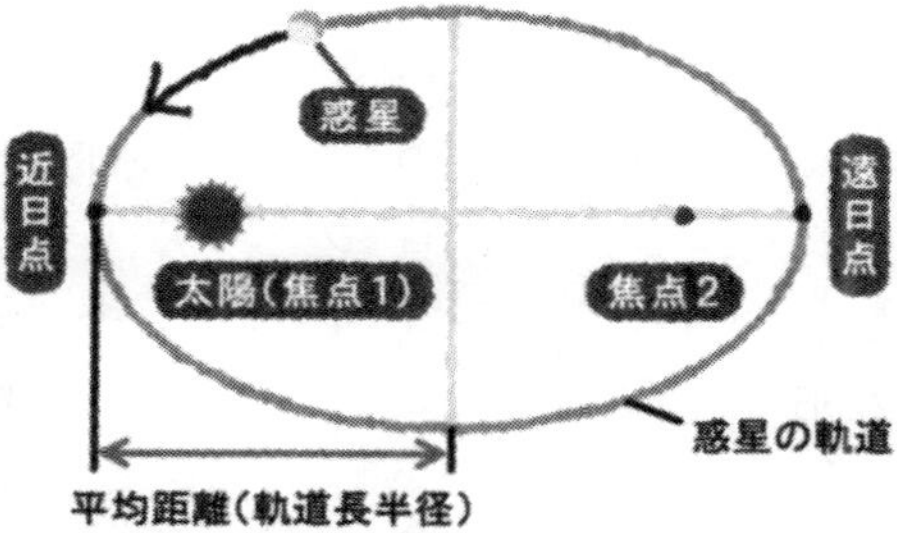

３−12　ケプラーの第１法則　文献(31)より

おいてであった。[34] 微分積分学がなかった時代だから無理もないことだが、その証明は楕円軌道の一部を対象になされていて、十分に一般化されてはいなかった。それでも証明の方針は正しかったので、適切に補えば完成させることができる。[35]

科学者ケプラー

以上の発見を通して、ケプラーは次のような言葉を記している（『新天文学』第58章）。

「斥けられ追放を命ぜられた真実そのもの、事物の自然本性が、裏口からこっそり舞い戻ってきて、装いを変えた姿で私に受け入れられたのである。[36]」

この「斥けられ追放を命ぜられた真実そのもの」とは、「楕円軌道」のことである。さらに、ケプラーは次のように自分の発見を振り返っている。

「何より最も大きな不安は、気が狂わんばかりに考え込んで精査してみても、［中略］何故、惑星はむしろ均差［角度差］を指標として楕円軌道のほうを進みたがるのか、その理由を発見できないことだった。ああ、私は何と滑稽だったことか。直径上の秤動が楕円に通じる道であるはずはない、と考えたとは。こうして私はかなり苦労した末に、次章で明らかになるように、楕円が秤動と両立すると着想するに至った。同時に次章で、物理学的原理から引き出した論拠が、この章で挙げた観測結果や代用仮説による検証と一致する以上、惑星には軌道の図形として完全な楕円以外には何も残らない、ということが証明されるだろう。[37]」

ここに、科学者ケプラーの真骨頂を見る。自分の思考過程の誤りを、自ら見つけ修正できるということ。これは決して易しいことではなく、むしろそこにこそ創造性の糸口がある。

奥の深い問題　その1

問：月は、地球に対して常に同じ面を向けながら公転している（図3－13）。実際いつ月を見ても、兎に見える模様は変わらない。このことは、月の自転周期（27.3217日）と公転周期（27.3217日）が正確に一致（同期）することを意味する。これは偶然の一致なのだろうか？

地球が1日に1回自転しながら、1年かけて公転することを考えれば、月の自転周期と公転周期が正確に一致するのは、とても不思議なことだ。また、火星の衛星であるフォボスとダイモスも、自転周期と公転周期が一致することが知られている。

3－13　月の表側

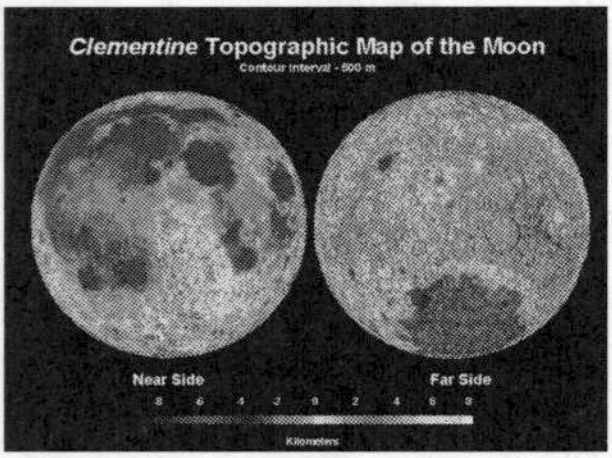

3－14　月の表側と裏側　URL (38)より

「天は偶然を好む」という安直な説明が受け入れられないなら、「気が狂わんばかりに考え込んで精査してみて」いただきたい（☆　答は第7講）。

奥の深い問題　その2

問：見慣れた月の表側（地球に面した方）に比べると、月の裏側は別世界のような地形である（図3-14）。表側には巨大な平地（「嵐の大洋」や「静かの海」など）が広がっていて、クレーター（隕石の衝突などでできた盆地）は少ないのに対して、裏側は一面が大小さまざまで無数のクレーターに覆われている。しかも起伏が大きく、エベレスト級の山脈や盆地がある。それは何故なのだろうか（☆　答は第7講）。

なお、「月球儀」が教材として市販されており、自作することもできる。(39) 百聞は一見にしかず。月の裏側を眺めていただきたい。

★第3講　引用文献

（1）アストロアーツ　http://www.astroarts.co.jp/special/2006autumn/various-j.shtml（二十四節気を一部省略）
（2）E. Zerubavel, *The Seven Day Circle: The History and Meaning of the Week*, pp.14-19, The University of Chicago Press（1989）
（3）杉本大一郎、浜田隆士『宇宙地球科学』p.12 東京大学出版（1975）
（4）ヨハネス・ケプラー（大槻真一郎、岸本良彦訳）『宇宙の神秘』p.2 工作舎（1982）
（5）ヨハネス・ケプラー（岸本良彦訳）『宇宙の調和』pp.106-107 工作舎（2009）
（6）ユークリッド（中村幸四郎他訳）『ユークリッド原論・追補版』pp.434-435 共立出版（2011）
（7）R・J・ウィルソン（西関隆夫、西関裕子訳）『グラフ理論入門　原書第4版』pp.90-93 近代科学社（2001）
（8）『宇宙の神秘』p.2
（9）ヨハネス・ケプラー（大槻真一郎、岸本良彦訳）『宇宙の神秘』工作舎（1982）
（10）『宇宙の神秘』p.96 折込み　（11）『宇宙の神秘』p.191
（12）J. Kepler（translated by J. Bromberg）, *The Six-Cornered Snow Flake : A New Year's Gift* pp.54-59, Paul Dry Books（2010）
（13）ジョージ・G・スピーロ（青木薫訳）『ケプラー予想―四百年の難問が解けるまで』新潮文庫（2014）
（14）Thomas Hales, et al., https://code.google.com/p/flyspeck/wiki/AnnouncingCompletion
（15）『宇宙の神秘』p.198　（16）『宇宙の神秘』p.248
（17）ヨハネス・ケプラー（岸本良彦訳）『新天文学』p.57 工作舎（2013）
（18）アーサー・ケストラー（小尾信彌、木村博訳）『ヨハネス・ケプラー―近代宇宙観の夜明け』p.291 ちくま学芸文庫（2008）
（19）『ヨハネス・ケプラー―近代宇宙観の夜明け』pp.164-165
（20）BBCニュース　http://www.bbc.com/news/science-environment-20344201
（21）ヨハネス・ケプラー（岸本良彦訳）『新天文学』工作舎（2013）
（22）『新天文学』p.57　（23）『新天文学』p.389
（24）矢野健太郎『数学史』pp.44-45 科学新興社（1967）
（25）J. C. Maxwell, *Matter and Motion* pp.105-109 Prometheus Books（2002）

（26）『新天文学』pp.393-394　（27）『新天文学』pp.395

（28）酒井邦嘉『科学者という仕事―独創性はどのように生まれるか』pp.59 中公新書（2006）

（29）酒井邦嘉監修『科学者の頭の中―その理論が生まれた瞬間―』p.10 進研ゼミ高校講座、ベネッセコーポレーション（2007）

（30）酒井邦嘉『高校数学でわかるアインシュタイン―科学という考え方』第3講　東京大学出版会（2016）

（31）『科学者の頭の中―その理論が生まれた瞬間―』p.9

（32）『ヨハネス・ケプラー―近代宇宙観の夜明け』pp.297-298

（33）A・P・フレンチ編（柿内賢信他訳）『アインシュタイン―科学者として・人間として』p.49 培風館（1981）

（34）J. Kepler, *Epitome of Copernican Astronomy & Harmonies of the World*, pp.135-143 Prometheus Books（1995）

（35）A. E. L. Davis, “The mathematics of the area law: Kepler’s successful proof in *Epitome Astronomiae Copernicanae*”, *Archive for History of Exact Sciences.* 57, pp.353-393（2003）

（36）『新天文学』pp.539-540　（37）『新天文学』p.541

（38）Lunar and Planetary Institute, http://www.lpi.usra.edu/lunar/missions/clementine/images/

（39）国立天文台　http://www.nao.ac.jp/gallery/paper-craft/moon.html

第4講　ケプラーからニュートンへ

第4講では、惑星の運動についてケプラーが発見した法則（第3講）が、その後どのようにして普遍的な運動の法則へと展開していったかをたどってみる。そこには、天体から全ての物体へ、というさらなる思考の飛躍があった。**ニュートン**（Sir Isaac Newton, 1642-1726）の発見した「**万有引力**（universal gravitation）」は、直訳すると「普遍重力」であり、語源としても宇宙（universe）に起源を持つ「重力の法則」なのだ。

ケプラーの執念

ケプラーは研究の当初から、太陽がどのようにして惑星の運動を「支配」するのか、という疑問を持ち続けていた。『新天文学』（1609年）以降にそれぞれの惑星が楕円軌道をとることを示してからは、『宇宙の神秘』（1596年）で試みたような正多面体のモデルに替わって、惑星の軌道同士の関係をはっきりと示すような法則を見つける必要性を感じていたのだろう。

『新天文学』の第32章のタイトルには、「惑星を円運動させる力は源泉から離れるにつれて減衰する」とある。太陽の「支配力」が距離にしたがって弱まるなら、遠い惑星ほど公転周期が長くなると考えられる。

ケプラーは、「公転軌道を運行する惑星が太陽からの２つの異なる距離を取るなら、その公転周期は距離つまり円の大きさの比の２乗になる」(1)ということを「真実性が非常に高い」公理として認めようとしたこともあったが、実際のデータはその予想と合わなかったため断念した。

それでもケプラーは諦めなかった。惑星すべての関係性を決めるような普遍的な法則を求めて、十数年もの間たった一人で悩み続けたのだ。その間、疫病で妻と子どもが亡くなり、母は魔女裁判で捕らえられた後に逝ってしまった。そうした逆境に打ち克つような研究への執念なくして、ケプラーの苦労は実らなかっただろう。

『宇宙の調和』、苦労の結晶

ケプラーは１６１９年に、略称『宇宙の調和(2)（*Harmonices Mundi*）』を出版した（図４-１）。５巻立て・全35章からなる大部の書であり、出版の前年に書き終えた。

ちなみに、このタイトルと同じ「ハルモニア・ムンディ」は、ドイツとフランスでそれぞれ独立した音楽レーベル（レコード会社）となっている。ドイツ・ハルモニア・ムンディの方は古楽（中世からバロック以降まで）中心の老舗メーカーで、クラシックのファンにはなじみ深いだろう。

本の題とびらには、各巻の要約が述べられている。第1巻は幾何学の書、第2巻は造形の書、第3巻は音楽の書、第4巻は形而上学・心理学・占星術の書、第5巻は天文学・形而上学の書、という盛り沢山の構成である。形而上学（metaphysics）とは、「メタ的」な物理学、すなわち物理の物理学という意味であり、存在についての認識を扱う哲学である（最終講）。

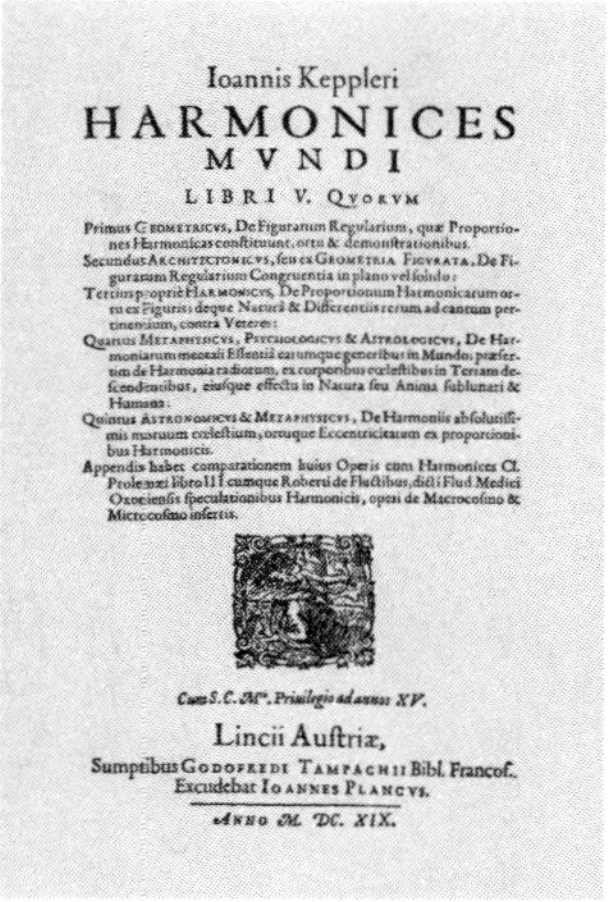
Ioannis Keppleri
HARMONICES
MVNDI
LIBRI V. QVORVM
Primus GEOMETRICVS, De Figurarum Regularium, quæ Proportiones Harmonicas constituunt, ortu & demonstrationibus.
Secundus ARCHITECTONICVS, seu ex GEOMETRIA FIGVRATA, De Figurarum Regularium Congruentia in plano vel solido:
Tertius propriè HARMONICVS, De Proportionum Harmonicarum ortu ex Figuris; deque Naturâ & Differentiis rerum ad cantum pertinentium, contra Veteres:
Quartus METAPHYSICVS, PSYCHOLOGICVS & ASTROLOGICVS, De Harmoniarum mentali Essentiâ earumque generibus in Mundo; præsertim de Harmonia radiorum, ex corporibus cœlestibus in Terram descendentibus, eiusque effectu in Natura seu Anima sublunari & Humana:
Quintus ASTRONOMICVS & METAPHYSICVS, De Harmoniis absolutissimis motuum cœlestium, ortuque Eccentricitatum ex proportionibus Harmonicis.
Appendix habet comparationem huius Operis cum Harmonices Cl. Ptolemæi libro III. cumque Roberti de Fluctibus, dicti Flud Medici Oxoniensis speculationibus Harmonicis, operi de Macrocosmo & Microcosmo insertis.

Cum S. C. Mtis. Privilegio ad annos XV.
Lincii Austriæ,
Sumptibus GODOFREDI TAMPACHII Bibl. Francof.
Excudebat IOANNES PLANCVS.
ANNO M. DC. XIX.

4－1　『宇宙の調和』の題とびら（1619年）

この著作において、学問と芸術に対する幅広いケプラーの思索が結実する。

最後の第5巻「天体運動の完璧な調和および離心率と軌道半径と公転周期の起源」に至って、そのタイトル通り、軌道半径と公転周期の法則が初めて明らかにされた。

楕円の焦点が中心から離れている程度

を離心率と言い、焦点と中心間の距離を、長半径の長さで割った値で表す。離心率がゼロのときは、焦点と中心が一致した軌道、すなわち円となる。離心率が1に近づいて、焦点が中心から離れていくと、扁平な楕円となる。火星の離心率は0.093であり、1割程度焦点がずれている。

発見の瞬間

ケプラーは新たな法則の発見の瞬間を振り返って、次のように書いている。

「ブラーエの観測結果を用い、非常に時間のかかる絶えざる労力によって軌道の真の間隔を発見し、ついにようやく軌道の比に対する公転周期の本当の比がわかった。［中略］ブラーエの観測結果に取り組んだ私の17年間にわたる労力と現在のこの思索との一致をみごとに確認したので、初めは、夢を見ていて、求めた結果をあらかじめ前提の中に入れているように思ったほどである。(3)」

この「求めた結果をあらかじめ前提の中に入れている」誤りは、論点先取の虚偽である。結論（論点）が先に仮定されてしまっていては、何も明らかにしたことにならない。この誤りは、前提と結論が循環するので、**循環論法**（circular logic）とも呼ばれ、論理の致命的な欠陥と見なされる。

よくある誤りの他のパターンには、**論点相違の虚偽**がある。これは途中で論点がずれてしまう誤りだ。大発見は、ぬか喜びかもしれないという不安と常に背中合わせなのだ。

ケプラーの第3法則

ケプラーは、「2惑星の公転周期の比は、正確に平均距離つまり軌道そのものの比の2分の3乗になる」[4]と述べている。つまり、正しい公転周期の比は、『新天文学』に書かれた「2乗」ではなく、「2分の3乗」、すなわち「1.5乗」だったのだ。

この法則を言い換えると、次のようになる。

ケプラーの第3法則：公転周期の2乗と、軌道長半径（惑星と太陽間の平均距離）の3乗の比は、すべての惑星で同じ値となる。

この比例定数は、厳密に言うと「太陽と惑星の質量の和」に反比例するが、太陽の質量は他の惑星の質量より十分大きいので、近似的に太陽の質量に反比例すると見なしてよい。こ

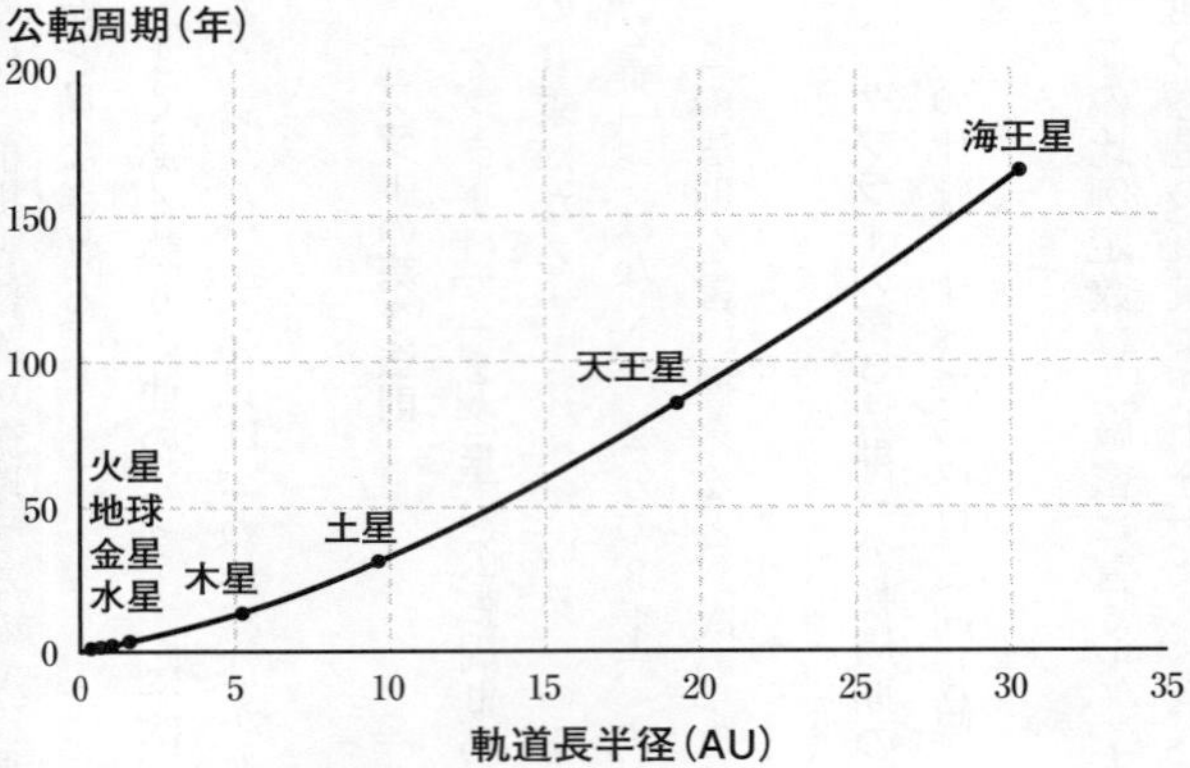

4－2　太陽系の惑星のデータ

の近似によって、太陽系のすべての惑星に対する比例定数が共通となるということは、ケプラーにとって幸運だった。もし比例定数が惑星の質量に左右されたなら、惑星すべてに共通する関係性を探していたケプラーは、第3法則を見つけられなかったかもしれない。科学の発見には運も味方するのだ。

太陽系の惑星のデータをグラフにしてみよう。データには、土星のさらに先にある天王星と海王星も含めている（図4－2）。

縦軸は、惑星の公転周期（年）である。横軸はそれぞれの惑星の軌道長半径で、地球の軌道長半径を1としている。地球の軌道長半径を距離の単位としたのが天文単位AUであり、AUは、$1.495978 70 \times 10^{11}$ m（約1・5億キロメートル）である。

グラフを見ると、すべての惑星のデータが1本の曲線上に乗っていることが分かる。それは偶然ではなく、太陽系の法則である第3法則を表したものなのだ。『宇宙の調和』の最終第5巻の序文は、次のように締めくくられている。

「見よ、私は賽《さい》を投げて書を著す。今の人に読まれるか、後の人に読まれるか、それはどうでもよい。神ご自身が6000年にわたって観想者を待ったのであれば、この書は、100年にわたって読者を待ち望むだろう。(5)」

このひと言だけでも、ケプラーの並々ならぬ自信と意思の強さが感じられる。実際、この書はその後400年にわたり世界中で読まれてきたのである。

奥の深い問題　その3

問：太陽系の惑星は、すべてほぼ同一平面上の楕円軌道をとる。それぞれの軌道面には約3度以内のずれしかなく（水星のみ7度）、偶然の一致とは考えにくい。では、どのように説明したらよいだろうか？（ヒント：壮大な時間スケールで考える）

答：惑星が公転する方向もすべて一致していることに注目したい。太陽ができた数十億年前、惑星を形成する岩石・氷やガスは、回転運動のため円盤状になっていたと考える。その後、円盤の外側がさらに遠心力で分裂しながら拡大していく。それぞれの場所で万有引力によって凝集した塊は球形の惑星となり、太陽の周りを公転するようになると予想される。すると、惑星がすべて同じ回転方向を保ったまま同一平面上の楕円軌道をとることが自然に説明できる。なお、惑星の自転軸や自転の方向は、それぞれの星のでき方によって変わると考えられる。

ルネ・デカルト

ケプラーからニュートンの時代をつなぐ上で、欠かすことのできない科学者の一人がデカルトである（図4-3）。彼は「われ思う、ゆえにわれあり（ラテン語でコギト・エルゴ・スム）」という言葉で有名なフランスの哲学者だが、数学への貢献も大きい。

1637年に出版した『方法序説』は画期的な著作である。当時の学術書では、ドイツ語や英語など個別の言語ではなく、ラテン語を共通語として使うという習慣があった。しかしそれでは、翻訳しないと一般の人が読めない。そこでデカルトは『方法序説』を最初からフランス語で書くことで、哲学的な考え方を日常的な言葉で分かりやすく伝えようとしたのである。

さらに『方法序説』が素晴らしいのは、その「試論」の1つとして『幾何学』の解説が付いていることである。(6)しかもそれは古典的な幾何学ではなく、初めて幾何学と代数を融合させたものであり、**代数幾何学**の始まりであった。そうしたデカルトの仕事に敬意を表して、式をグラフで表すときの**座標軸**の組（例えば x 軸と y 軸）は、**デカルト座標系**（**Cartesian coordinates**）と呼ばれる。第5講で、デカルト座標系を実際に使ってみる。

数学には、幾何学・代数学・解析学という3大分野があることを第1講で述べたが、それは今なおお変わらない。デカルトに続くニュートンは、微分積分学を考案して解析学を開拓した。その流れは、18世紀になってオイラーで花開くことになる。ニュートンは、位置・速度・加速度といった解析的な問題であっても、幾何学を基礎として解いており、デカルトの『幾何学』の影響は計り知れないほど大きい。

4－3　デカルト

デカルトの自然法則

デカルトは、1644年にラテン語で出版した

『哲学原理』[7]の中で、次の3つの「自然法則」を明らかにしている。このとき、ガリレオは亡くなったばかりで、ニュートンは生まれたばかりだった。

デカルトの第1法則：「あらゆるものは常にできるだけ同じ状態を保とうとする。したがって一度動かされるといつまでも動きつづける。[8]」

同じ速度の運動、あるいは静止の状態を保とうとする性質を「慣性」と言う。つまりこの第1法則は、「慣性の法則」である。当時、「運動を保とうとするには力を与え続けなければならない」というアリストテレスの説が支配的だったことを考えると、この法則は近代科学の始まりを告げるものだった。

なおガリレオは、1613年の『太陽黒点にかんする第二書簡』に書いたように、外部から全く作用を受けなければ円運動か静止の状態が保たれると考えていた。[9]円慣性と呼ばれるこの考えは、運動の不十分なとらえ方だった。円慣性は慣性ではないので、「慣性の原理がここで明確に表現されている」[10]という訳注が付されているが、これは正しくない。

デカルトはガリレオの誤りを踏襲することなく、独自に思索を重ねた結果、慣性が円ではなく直線的であることに気づいたのだった。物体の運動に対する正しい認識は、次の法則にはっきりと表れている。

デカルトの第2法則：「すべての運動はそれ自身としては直線的である。したがって円運動をするものは、その画《えが》く円の中心から常に遠ざかろうとする傾向を持つ。(11)」

「円の中心から常に遠ざかろうとする傾向を持つ」力とは、**遠心力**である。つまり第2法則は「遠心力の法則」である。第1法則と合わせて考えると、この「直線的」な運動の「傾向」は、正しい慣性のとらえ方であった。そして遠心力は、円軌道の接線方向に向かって直線的に運動し続けようとする（円の中心に向かうよう加えられた力に対して抵抗する）傾向の表れであり、「慣性力」（後述）の一種なのである。

デカルトの第3法則：「物体はより強力な他の物体と衝突する時には、自分の運動を何ら失わないが、より弱い物体と衝突する時には、その弱い物体に移しただけの運動を失う。(12)」

ここで言う「運動」とは、運動量の大きさを指している。また、衝突に関して2つの場合が述べられている。

前半は、例えば壁（より強力な他の物体）と衝突して跳ね返る場合だ。ただし運動量を失わないのは、衝突しても音が生じず、変形や破壊が残らない範囲に限られる。また、壁が受け止める運動量も同時に考える必要がある。

後半は、一方が運動量を失って、その損失分が他方の運動量に移される場合だ。そうした補足をすれば、どちらの命題も運動量保存則（後述）の萌芽となっている。

以上の3法則を「神の活動の不変性[13]」から証明し、「被造物の不断の変化そのものが神の不変性の証明となっているのである」と述べたのは循環論法であった。それでも、ニュートンへの橋渡しの役割は十分だろう。

アイザック・ニュートン

「幸運なるニュートン、科学の幸福な揺籃期《ようらんき》よ！[14]」


これは、ニュートン（図4-4）に対するアインシュタインからの賛辞である。

ニュートンは近代の宇宙観を創造した。次に紹介する『自然哲学の数学的原理』の他にも、英語で書かれた『光学（*Opticks*）』（1704年）などの優れた著作を残している。一方で人付き合いが苦手で気むずかしいところもあったようだが、その天才的な頭脳からすれば、必要悪と言ってよいだろう。ニュートンのイメージは、シャーロック・ホームズと重なるところがある。

ニュートンの誕生日はクリスマスだった（当時イギリスで使われていたユリウス暦による）。いくつかの大学の物理学科では、クリスマスに「ニュートン祭《さい》」と称して忘年会が行われている。そのことを私の講義で紹介したところ、講義のコメント・シートに「クリスマスケーキとバースデーケーキが一緒になってしまうのは、かわいそう」と書いた女子学生がいた。なるほど、そういうデメリットもあるのかと初めて気づいた。

4−4　ニュートン　写真(15)より

『自然哲学の数学的原理』

『自然哲学の数学的原理[16]（*Philosophiae Naturalis Principia Mathematica*）』は、近代科学の確立を告げる金字塔だった（図4-5）。略称では、『プリンキピア』や『プリンシピア』と呼ばれ、3巻立て（Book 1, Book 2, and Book 3）・全24章からなる。ラテン語の初版は1687年で、ニュートンが45歳の頃に2年がかりで執筆した。友人のハレーがニュートンに出版を勧め、その出版費用も負担した。

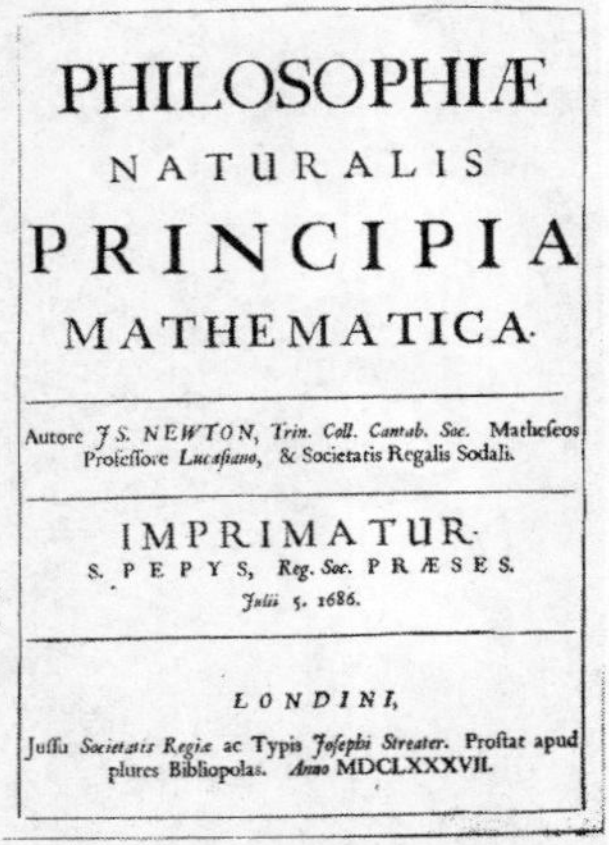
PHILOSOPHIÆ
NATURALIS
PRINCIPIA
MATHEMATICA.

Autore *JS. NEWTON*, *Trin. Coll. Cantab. Soc.* Matheseos Professore *Lucasiano*, & Societatis Regalis Sodali.

IMPRIMATUR.
S. PEPYS, *Reg. Soc.* PRÆSES.
Julii 5. 1686.

LONDINI,
Jussu *Societatis Regiæ* ac Typis *Josephi Streater*. Prostat apud plures Bibliopolas. *Anno* MDCLXXXVII.

4－5　『自然哲学の数学的原理』の題とびら（1686年）

以下『自然哲学の数学的原理』からの引用は、科学史家コーエン（I. Barnard Cohen, 1914-2003）による英語の新訳[17]（以下、*Principia*）を和訳した。この大判の英訳書では、370ページに亘るコーエンらの「ガイド」に続いて、570ページの本文が載せられている。コーエンの晩年の十数年を傾けた情熱が感じられる翻訳書である。

時間と空間

『自然哲学の数学的原理』の本文は、まず8つの「定義」から始まる。それに続く「注釈（Scholium）」では、時間・空間・場所・運動に関する考えがまとめられている。まず、時間と空間についての注釈を見てみよう。

注釈1：「絶対的で、真の、そして数学的な時間（time）とは、それ自体、それ自身の性質として、外部のいかなるものにも寄らずに、一様に流れる。別名では期間（duration）と呼ばれる。相対的で、見かけの、かつ一般的な時間とは、運動によって知覚でき、外部の（正確あるいは不正確な）期間についての尺度である。そうした尺度——例えば1時間、1日、1月、1年——は、真の時間の代わりに一般的に使われる。(18)」

例えば天体の運動を観察すれば、第3講で説明したように、時間を測って、相対的に時間を比較することができる。そうした外部の尺度とは無関係に、一様に流れる絶対的な時間があるとニュートンは想定したのだ。人間の世界を超越した、悠久の時の流れとでも言うべきか。

注釈2：「絶対的な空間は、それ自身の性質として、外部のいかなるものにも寄らずに、常に均質で、不動であり続ける。相対的な空間は、この絶対的な空間についての可動の尺度あるいは次元である。そうした尺度や次元は、我々の感覚によって物体に対する空間の状況から決定され、不動の空間として一般的に使われる。(19)」

ニュートンはこの出発点からして、絶対的な不動の空間の存在を認めていた。この仮定は、加速度を伴う絶対的な運動（絶対運動）を特別扱いする上で、どうしても必要なことだった。実際この注釈の後で、絶対運動に対する長い議論が書かれている。この点は、第7講で改めて扱うことにしよう。

以上の注釈から、ニュートンは時間と空間を完全に独立したものとしてとらえていたことが分かる。この点は、アインシュタインの相対論によって、初めて変更を余儀なくされることになった（第5講）。また、相対的な時間や空間を基礎として、あらゆる相対的な運動（相対運動）を記述する理論が確立してからは、絶対的な時間と空間はその存在意義を失ったのである。

質量と運動量の定義

『自然哲学の数学的原理』では、『ユークリッド原論』に倣い、法則や具体的な命題に先立って用語の定義が書かれている。最初の定義は、「**質量**（物質の量）」である。ここでいう質量は慣性に関係するので、特に**慣性質量**（inertial mass）と呼ばれる。

定義1：「物質の量とは、その密度と体積を合わせて［積で］生じる物質の尺度である。［中略］以下で『物体』または『質量』という用語を使うときは、この量を意味する。それは常に物体の重量［weight］から知ることができる。なぜなら――振り子によるとても精密な実験を行うことで――後述するように、それ［質量］が重量に比例することを見出したからである。[20]」

ここでニュートンは、物体に働く重力である「**重量**（重さ）」を、質量と厳密に区別していることが分かる。さらに質量と重量の間には比例関係があるということも覚えておこう。[21]「振り子によるとても精密な実験」については、第2巻の第6章に説明があり、ニュートンが自ら実験を行って確かめた。

定義1から始まる「ニュートン力学」の体系では、密度を「質量÷体積」と定義してはいけない。2つの定義が互いに循環するからだ。そうすると「密度」は未定義となってしまうが、密度とは「単位体積に入っている原子の数」だと考えればよい。[22]ニュートンは余計な仮定や仮説を導入することを嫌ったので、あえて「密度」を定義しなかったのだろう。

次は「運動量」の定義である。この定義は第2講のものと同じである。

定義2：「運動の量とは、その速度と物質の量を合わせて［積で］生じる運動の尺度である。」(23)

定義の3以降は、法則に合わせて見ていくことにしよう。

運動の公理

これから述べるニュートンの3つの法則（Law 1, Law 2, and Law 3）は、**Axioms, or the Laws of Motion**（公理、あるいは運動の法則）とあるように、「公理」としての運動法則である。つまり、これは実証しなくても認められるものであり、「原理」と同じなのである。デカルトのように神の存在を持ち出して証明してはいけなかったのだ。

この3つの公理をもとにして、さまざまな現象が導かれる。その度に公理に立ち返って、必要な思考や議論を加えていくのだ。『自然哲学の数学的原理』は、3つの公理を基礎として築かれる、壮大な建築物なのである。そしてそのハイライトには万有引力の法則がある。

3つの公理について、ニュートンはその出所を明らかにしていない。最初の2つは、すでにデカルトの仕事があるので、新しく発見されたものではないが、法則を超えた「公理」として位置づけたところにオリジナリティーがある。そして最後の1つ（第3法則）が、ニュートン独自のものである。

ニュートンの第1法則

ニュートンの第1法則は「慣性の法則」であり、デカルトの第1法則と同じである。

ニュートンの第1法則：「いずれの物体も、加えられた力によってその状態を変化させられない限り、静止するかまっすぐ前へ一様に運動する状態を続ける。[24]」

「静止するかまっすぐ前へ一様に運動する状態」とは、速度、つまり速さと運動方向の両方が一定の運動のことである（図4-6）。速度が一定で加速度を持たない運動は、「**等速度運動**（等速直線運動）」と呼ばれる。

速さが一定でも、例えば**等速円運動**のように運動の方向が変わる場合は、等速度運動ではない。また、慣性の法則が成り立つような、加速度を持たない座標系のことを、「**慣性系**」と呼ぶ。前述のように、ニュートンは時間と空間が独立した慣性系を想定していた。

さて、等速度運動は常に相対的だと見なさなくてはならない。この点について、ニュートンは次のようにはっきりと書いている。

「運動と静止は、その用語の一般的な意味では、視点によってのみ互いに区別され、静止すると普通見なされる物体がいつも本当に静止しているとは限らない。[25]」

つまり、運動と静止は相対的な見方の違いに過ぎない。地上で静止しているものは、太陽から見れば、すべて地球と共に秒速約30キロメートル（時速ではない！）もの公転速度で飛ぶように動いている。慣性系における運動の相対性については、第5講で詳しく説明する。

4－6　ニュートンの第1法則

慣性力と外力・内力の定義

ニュートンの第1法則は、その前提として置かれた2つの定義と関係する。

定義3：「物質の固有力とは、いずれの物体も、できる限り静止するか、まっすぐ前へ一様に運動する状態を続けるような抵抗力である。(26)」

ニュートンは、この定義に続けて、固有力は「**慣性力**（force of inertia）」と呼ぶこともできると書いている。つまり慣性力とは、加えられた力に対し抵抗する力であって、すべての物質が持つ固有の性質だと考えるのだ。

なお、慣性の代わりに「惰性」といわれることもあるが、無気力な状態をも意味するので用語としては避けた方がよい。実際、もっとイメージがつかみにくい「惰性力」という用語は使われない。慣性には、我が道を貫くような力強さが備わっているのだ。

定義4：「加えられた力は、静止するかまっすぐ前へ一様に運動する状態を変化させるように、物体に及ぼされる作用［action］である。(27)」

定義4は、慣性力以外の力の定義である。そうした一般の力は、「**外力**（外から加えられた力）」と「**内力**（内部で加えられた力）」に分けられる。内力は、物体の内部や、複数の物体同士に働く力を指し、慣性力とは全く異なる力であることに注意したい。

なお、外力と内力の区別は視点の違いであって、同じ力をいずれかで呼ぶことがある。例えば、惑星の視点では太陽の引力は外力だが、太陽系全体の視点では、惑星と太陽間の引力はすべて内力と見なせる。

定義3と定義4のように運動の状態から力を定義するならば、第1法則と循環してしまう。つまり、「慣性力は、慣性の状態を続けるような抵抗力である」という定義と、「慣性力のみなら、慣性の状態を続ける」という法則とが循環するため、慣性力やそれ以外の力の本質は明らかでない。

この点は現代物理学でもまだ完全には解明されておらず、「力とは何か」という、根源的な問題に根差している。ニュートンの理論は、その出発点である慣性力と外力・内力から万有引力に至るまで、力の起源に全く触れることなく作られた。力の本質を知らずに力を論ずる「力学」は、熱の本質を知らずに熱について論ずる「熱力学」と同様、物理学に特有の考え方である。

なお、8つある定義の5から8は、向心力に関する定義である。定義は最小限に留め、アドホックな（特定の問題にだけ成り立つ場当たり的な）仮定は極力排除されている。定義の後の注釈では、回転する「バケツ」が例として持ち出され、相対運動と絶対運動についてさらに議論が為されている（第7講で紹介する）。

ニュートンの第2法則

ニュートンの第2法則は、要となる「運動の法則」である。

ニュートンの第2法則：「運動の変化は、加えられた推進力［motive force］に比例し、その力が加えられた直線に沿って起こる。[28]」

まず、運動と力の関係をイメージしてみよう。図4－7のロケットでは、時間に対して一定の割合で増加する速度を矢印が表している。距離の方は時間変化の2乗に比例して増える。このときロケットの運動量の変化は、推進力の大きさと時間変化に比例する。さらにロケットの運動の方向は、推進力の方向に沿うことも納得されよう。

ニュートンの第2法則は、次のように定式化できる。

運動（＝運動量）の変化
＝［質量×速度］の変化（定義2より）
＝質量×速度変化

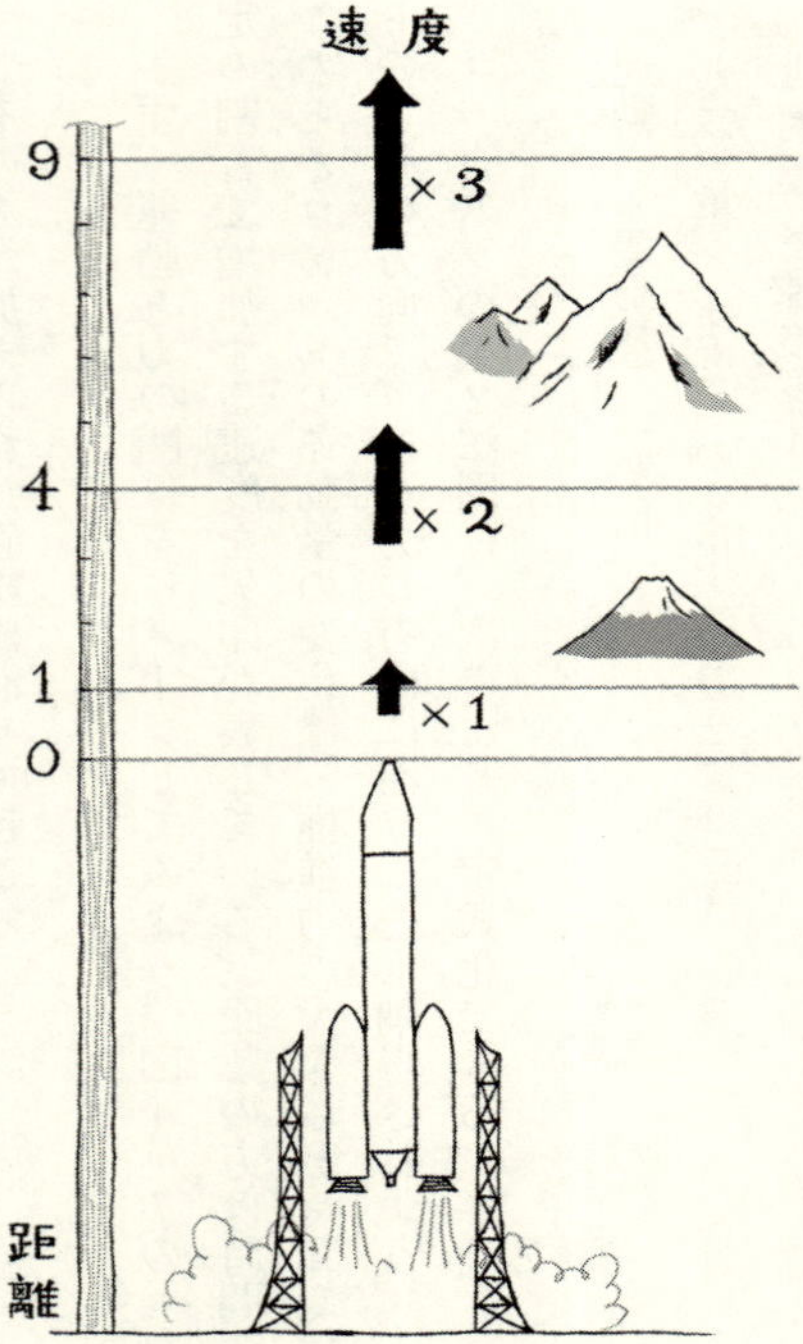

4－7　ニュートンの第２法則

＝推進力×時間変化∝推進力

最後の「∝」は比例を表す記号である。なお物体の運動中に質量は変化しないとする。推進力には外力と内力の両方が含まれる。

物体に外力を加えても、その外力と同じ大きさの摩擦力や空気抵抗が常に逆向きに働けば、運動の変化は生じない。一般に、ある物体に働くすべての力がつり合えば、推進力の総和がゼロとなり、その物体の運動量は変化せずに維持される。これは、「**運動量保存則**」と呼ばれる大切な法則だ。逆に運動量が変化しないなら、推進力の総和はゼロとなる。

加速度で表す第2法則

同じ運動量の変化でも、その変化にかかる時間が短いほど、大きな推進力が必要となる。時間変化あたりの速度変化は、**加速度**と呼ばれる。ニュートンの第2法則は、加速度を使うと次のように表される。

質量 × 加速度 ＝ 推進力

速度はメートル毎秒［m/s］という単位を持ち、加速度はメートル毎秒毎秒［m/s^2］という単位を持つ。また、加速度と推進力は、速度や運動量と同じように、大きさと方向を持つ量であり、**ベクトル**と言う。マイナスの符号を付けた加速度は、定めた座標の向きに対して逆方向のベクトルを意味する。

物体の質量は正の値だから、推進力の符号（＋／－）は、ニュートンの第2法則が示すように、常に加速度の符号と一致する。なお、加速度という用語は、加速と減速の両方を含めて使われる。加速度と速度の符号が一致すれば加速で、一致しなければ減速となる。マイナスの加速度が減速を意味するわけではないので、注意したい。例えば、地球から月に向けて発射された直後のロケットは、月面基地から仰ぎ見る向きに対して、マイナスの速度と加速度で飛んで来ることになる。

加速による運動の変化は、自動車のアクセルを踏んだ経験があれば想像できるだろう。ちなみにアクセルとは、「加速器(accelerator)」の英語をつづめて日本語化したものだ。逆に、走行中にブレーキを踏むことは、「負の推進力」を加えて減速させることになる。短時間で自動車の速度を変化させるためには、目一杯アクセルまたはブレーキを踏み込んで、大きな力を加える必要があるのだ。

自動車の加速や減速がそうであるように、推進力が慣性に打ち勝つと運動の変化が生じる。したがって、第2法則のように、運動量の変化が推進力に比例すると考えるのは、自然な考え方であろう。なお、デカルトの第2法則(遠心力の法則)は、推進力が運動方向と常に垂直に働いて円運動を引き起こすという、ニュートンの第2法則の特殊な場合を表している。

ニュートンの「発見」

ニュートンの第2法則によると、推進力が働かなければ、運動の変化が生じないことになる。すると、これはニュートンの第1法則と同等だと思えるかもしれない。つまり第2法則があれば、第1法則はわざわざ述べなくともよいのではないか、という疑問が生じる。

しかし、「慣性」という物質固有の性質があることは、第2法則からは明らかにならないので、あらかじめ「慣性」を法則として明示しておく必要がある。第5講以降で説明する相対性理論でも、等速度運動という特殊な条件を対象とする理論が確立した後に、加速度のある場合に一般化された。そうした理論の発展を示すものとして、ニュートンの第1法則と第2法則を位置付けるとよいのである。

ニュートンの第2法則が使われるとき、物体の質量が分かっていることが多く、さらに推進力の値が与えられる。そこで法則の式は加速度を未知数とする「方程式」と見なせるため、「**運動方程式**」と呼ばれる。運動方程式の解である加速度が質量と推進力だけで求められるということは、同時に、物体の置かれた環境の違いは一切問われないことを意味する。質量が大きい物体は動かしにくいわけだが、それは水中であろうと、真空中であろうと、地上の物体を落下させる**重力**（gravity）があろうとなかろうと、全く変わらないということである。

加速度を運動方程式の「解」として求め、それを時間変化に対して積算していけば、物体の速度、そして位置がすべて計算できる。ニュートンの真の発見とは、運動方程式そのものというより、「方程式の形で表せば、運動を正確に記述し再現できる」ということだったと言えよう。言い換えれば、人間の知性が「運動の法則」という地平に足を踏み入れたことを象徴する、記念碑的な法則ということである。

ニュートンの第3法則

ニュートンの第3法則は、「**作用反作用の法則**」である。

ニュートンの第3法則：「どんな作用に対しても、常に反対向きで等しい反作用がある。言い換えれば、2つの物体の相互の作用は、常に等しく、常に反対方向である。」(29)

この一見地味に見える第3法則こそニュートンの真骨頂であり、万有引力の法則への布石としての重要な役割がある。そして物理学の歴史では、ニュートンの3法則のうち、この第3法則だけが無傷のまま継承されている。

作用（action）と**反作用**（reaction）は、1つの物体に対してではなく、2つの異なる物体に対して働くということに注意しよう。例えば、壁を強く押せば、同じ大きさで反対向きの力で押し返されるということである。「暖簾《のれん》に腕押し」という諺は、物理学的には、作用が小さい分、反作用も小さいために手応えがない状態であると説明できる。

ばねでつながった2つの球を両側から押し込んだ状態で手を離すと、外力はなくなって、2つの球が互いに反発し合う内力だけで運動が生じる。一方の球が内力として他方の球を押す作用に対し、逆に他方の球から押し返される力が反作用である。第2法則より、内力が働く間は、それぞれの球の運動量が変化して加速する。宇宙遊泳中の2人の宇宙飛行士、例えば宇宙兄弟がいるとしよう。一方が他方を押した場合も、これと全く同じことが起こるだろう（図4－8）。宇宙での喧嘩は危険なのだ。

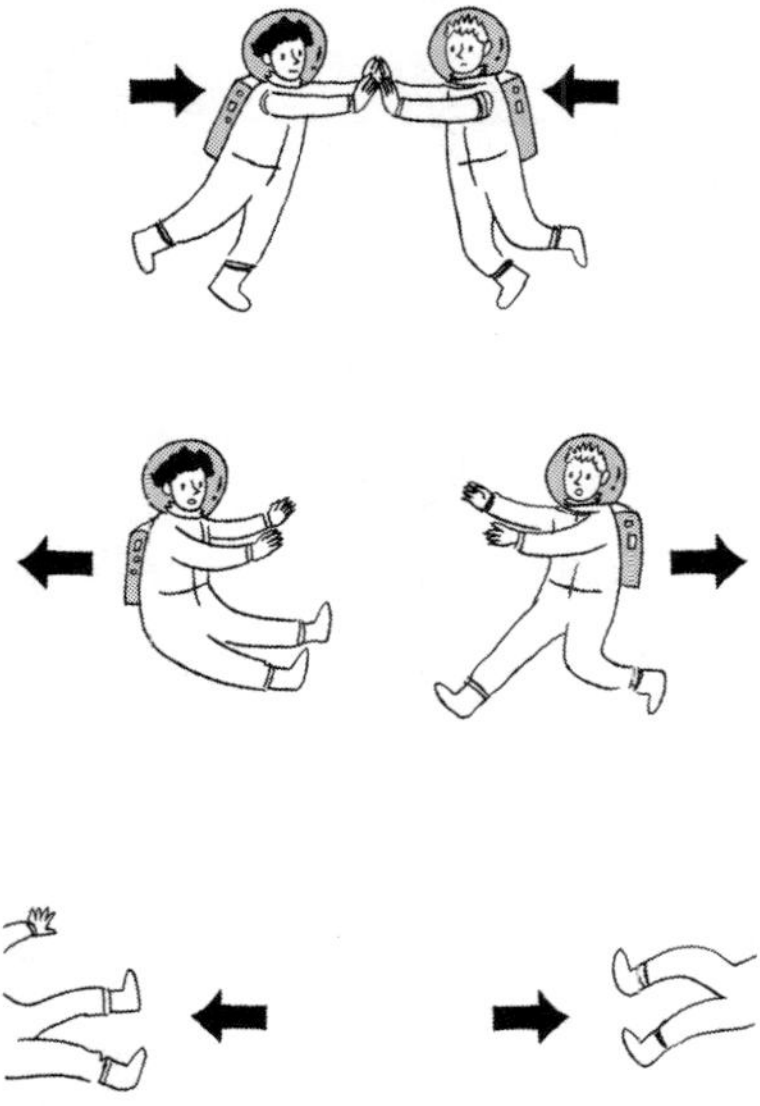

4－8　ニュートンの第3法則

作用と反作用の和は正確にゼロとなるため、内力の和はゼロである。内力で生じた運動量の和も同様にゼロであり、これは両者の質量に差があっても成り立つ。つまり内力だけが働く状態では、2つの物体の運動量を合わせた「全運動量」が保存される（時間的に変化しない）ということが、第3法則によって保証される。これは、第2法則だけでは分からなかったことだ。

　ニュートンの第3法則は、「衝突時の運動量は保存される」としたデカルトの第3法則を、一般の運動に拡張したものである。なお、ニュートンの3法則がそれぞれデカルトの3法則と対応しているのは、偶然とは考えにくい一致だ。ニュートンはデカルトの著作、中でも『哲学原理』の愛読者だったというから、[30] ニュートンはデカルトを意識していたのであろう。

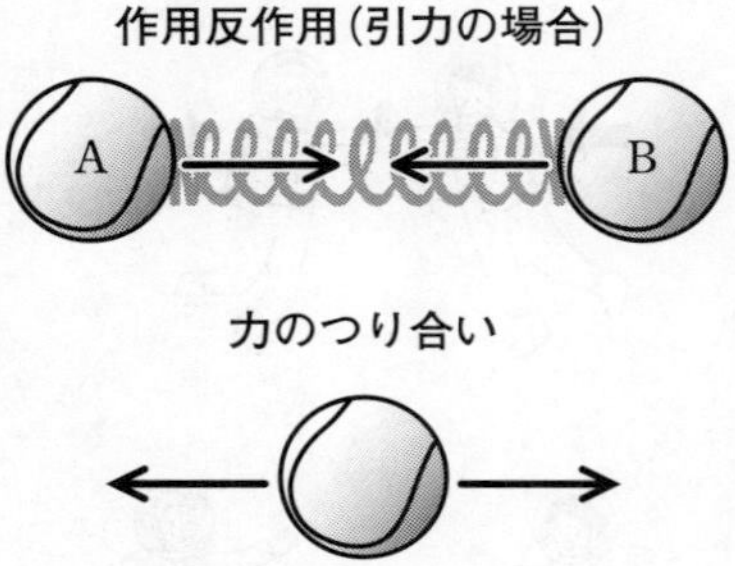

4－9　作用反作用と、力のつり合い

力のつり合い

　改めて整理すると、作用と反作用は、2つの物体「それぞれ」に働く力の関係である。図4－9上のように、AがBを引くのを作用とするなら、BがAを引くのが反作用である。

　作用反作用と似て非なる関係に、「力のつり合い」がある。力のつり合いとは、1つの物体に働く2つ以上の力の関係である。図4－9下のように、1つの球を左右から同じ大きさの力で引くならば、２つの力がつり合って、その球は静止する。

別の例を考えよう。台車の上に立った人がハンドルを押しても台車が動かないのは、人と台車間の内力の和がゼロとなるからではない。踏ん張っている足が台車をハンドルと逆方向に押すことで、台車に働く力がつり合っているためだ。もし真上にジャンプしながらハンドルを押せば、宇宙遊泳中の宇宙飛行士と同様で、台車は前に、そして体は反動で後ろに動くだろう。

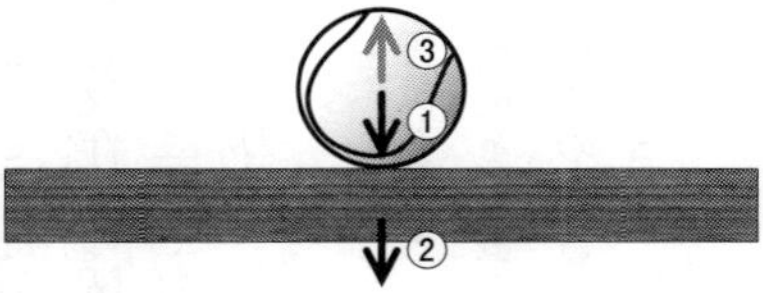

4－10　ボールと台に働く力

今度は、ボールが台に載っている場合を考えてみよう（図４－10）。ここでは次の３つの力が関わっている。

①ボールに対する重力――下向き
②ボールが台を押す力――下向き
③台がボールを押し返す力――上向き

②と③では、物体同士が接触して圧力を及ぼし合うので、「**近接作用**」と呼ばれる。特に③は、面と垂直に物体を押し返す力なので、**垂直抗力**と呼ばれる。

ここで、台がボールの重量をすべて受けとめるなら、①と②は等しい。また、②と③は作用と反作用の関係にあるので、②と③の和はゼロである。ゆえに①と③の和もゼロとなり、ボールに働く力がつり合うから、ボールは台に対して静止する。以上が運動のない状態を扱う「静力学」の基本的な考え方である。

質量と重量

質量と重量の間には比例関係があることを前に述べたが、ここで詳しく整理しておこう。

物体の質量（慣性質量）とは、定義1によれば「物体の密度と体積の積」であり、次の法則①（ニュートンの第2法則）に現われる。

法則①：質量（慣性質量）×加速度＝推進力

一方、物体の重量とは物体が受ける重力であり、次の法則②に現われる。

法則②：重力（重量）＝重力質量×重力加速度

ここで言う**重力加速度** g は、重力を受けるときの物体の加速度で、g の値は重力源で定まる。**重力質量**（gravitational mass）とは重力と重力加速度の比の値である。この法則②は、本講の最後で述べる万有引力の法則に基づいている。

なお、重力加速度 g の「実測値」はおよそ9.8 m/s^2 だが、地球の自転による遠心力のため、万有引力のみによる値より少し小さくなっている。遠心力の大きさは地軸からの距離に比例し、地球は赤道付近が一番膨らんでいるので、地上での g の実測値は赤道付近の山頂が最も小さくなる。

日常的な言葉である「重さ」とは、物を持った時に感じる手応え（重量感）であり、重量と同じである。重さはばねばかりで測ることができるが、重力加速度が違う場所で測れば当然値は変わってくる（重力加速度が地上よりも6分の1ほどの月面で体重を測って、ぬか喜びをしてはいけない）。「無重力」の状態では、重力加速度がゼロのため重力質量が量れないが、物体を動かしてみれば、推進力と加速度の測定値から慣性質量は求められる（法則①）。

推進力や重力などの単位はニュートン［N］であり、質量の単位に加速度の単位を掛けた、キログラム・メートル毎秒毎秒［kg・m/s^2］と同等である。重さの単位もまた、ニュートン［N］が標準である。

慣性質量と重力質量の関係

物理量とは、物体や粒子などの物理的な状態（運動量など）や性質（質量など）を表す量である。物理量は基本的な「単位」で測れる値を持つが、単位が同じだからと言って、同じ物理量だとは限らない。

高校などの初等的な物理学では、慣性質量と重力質量が同じ物理量だということが暗黙の了解とされる。しかし、安易な仮定をするのを踏みとどまって、一つひとつの物理量の意味を噛み締めながら理解しようとするとき、ニュートンからアインシュタインに至る思考の発展を正しくたどることができる。

まず、前の法則①と法則②を比べてみよう。重力が推進力となるとき、次の関係が成り立つ。

慣性質量×加速度＝重力質量×重力加速度

ただし、この関係で対応する物理量同士が同じかどうか、すなわち「慣性質量＝重力質量」と「加速度＝重力加速度」が成り立つかどうかは、ニュートン力学で証明できない。

慣性質量と重力質量の比が物質によって一定かどうか不明なため、重力で生じる加速度を測定したときに、一定の値（重力加速度の定数倍）が得られるという保証がないのだ。

ニュートンはこの重大な問題をすでに看破していて、「振り子によるとても精密な実験」によって解決しようとした（「定義1」の引用を思いだそう）。質量（慣性質量）が重量に比例するという実験結果は、法則①と法則②から得られる関係「慣性質量×加速度＝重力（重量）」において、加速度が物体によらず一定であることを支持する。

さて、遠心力は慣性力であるため（第7講）、慣性質量に基づく。その一方で、重力は重力質量による。そこで、慣性質量と重力質量の比が物質によって異なれば、その比の違いが遠心力と重力を合わせたときの違いとして検出できるかもしれない。ところがこの予想に反して、慣性質量と重力質量の比が一定であることが、エトヴェシュ（Eötvös Loránd, 1848-1919）らの実験（初期のものは1885年頃）によって高い精度で確かめられた。

しかし、どんなに高い精度の実験を行ったとしても、「慣性質量＝重力質量」という理論的な必然性が欠けていることに変わりはない。ニュートンやエトヴェシュが得た経験則を理論的に裏付けるには、アインシュタインの登場を待たなくてはならなかった（第7講）。アインシュタインは、そうした本質的な問題に正面から取り組んだからこそ、「重力波」の予言にまで達することができたのである。

ケプラーの法則の吟味

ニュートンの『自然哲学の数学的原理』に戻って、3法則の先に広がる世界に足を踏み入れてみよう。

第1巻の最初の命題は、「軌道上を運動する物体が、力の不動中心点へ引かれた動径で掃く面積は、不動の平面内にあり、その時間に比例する[31]（Book 1, Proposition 1）」というものだ。これは第3講で説明したケプラーの第2法則である。

さらに読み進めると、今度は次のような命題が出てくる。「ある物体が楕円上を回転する時、その楕円の焦点に向かう向心力の法則を見つける必要がある[32]（Proposition 11）」。これはケプラーの第1法則であり、向心力が楕円の焦点からの距離の2乗に逆比例するという法則が、幾何学的に導出される。

またその先には、さらにケプラーの第3法則が現れる。「楕円上の周期の2乗は長半径の3乗に比例する[33]（Proposition 15）」。

ニュートンは、この命題についてだけは、ケプラーが発見したということを第3巻の始めに明記している[34]。ニュートンがケプラーという「巨人の肩の上に乗った」のは明らかだった。

自然哲学の研究のための規則

『自然哲学の数学的原理』第3巻の冒頭には、次のような「自然哲学の研究のための規則」が置かれている。

規則1：「自然現象の原因は、正しくかつ十分に現象を説明する以上のものを認めるべきでない。(35)」

規則2：「それゆえ、同じ種類の自然な結果に付与される原因は、できる限り同じでなければならない。(36)」

つまり、できるだけ理論を単純化して、アドホックな仮定や説明は極力控えるということだ。こうした「指導規則」は科学全般の「指導原理」と呼ぶべき基礎的な考え方であり、理論を単純化することに大いに役立ってきた。

次の規則3は物体の性質に関することなのでここでは省いて、規則4を見てみよう。

規則4：「実験哲学においては、帰納によって現象から集められた命題は、反する仮説があろうとも、他の現象がそうした命題をより正確にするか、異議を免れなくなるまでは、厳密にあるいはほとんど正しいと考えるべきである。(37)」

規則4はつまり、余計な仮説を極力排除して、命題の持つ合理性によって前に進むべきだということを言っているのである。ニュートンは、「帰納に基づく議論が仮説によって破棄されないように、この規則に従うべきである」(38)と補足している。

ニュートンのひらめき

次に、ニュートンがどのようにして重力の普遍性に気づいたのか、その考え方をたどってみよう。ニュートンが晩年の1726年に、リンゴの木の下で語った談話の記録が残されている。

「重力の考えを思いついたのは、ちょうど今と同じ状況だった。どうしてリンゴはいつも地面に垂直に落ちるのだろう、と自問自答しながら、瞑想的な気分で座っていたとき、リンゴが落ちてきた。なぜ横向きだったり上向きではなく、いつも地球の中心に向かうのだろう? 確かに、その理由は地球が引いているからだ。物質には引力が存在するはずで、地球の物質にある引力の総和は、地球の中心に向かわなくてはならないのであって、地球のどの脇へでもない。それ故、このリンゴは垂直に、つまり中心に向かって落ちるのだ。もしそのため物質が物質を引くなら、それ「引力」はその量に比例しなくてはならない。それ故、地球がリンゴを引くのと同様に、リンゴは地球を引くことになる。ここにわれわれが重力と呼ぶような力があり、重力はそれ自体を宇宙にわたって広げるのだ。(39)」

リンゴが地面に落ちるという日常的な観察から、地球がリンゴを引きつける作用が働くことにニュートンは気づいたのだ。ここでニュートンの第3法則を使うと、この「引力」の反作用として、リンゴが地球を引きつけるという驚くべき理屈になる。同じ結果には同じ原因が付与されるべきとした「規則2」に従えば、重力の反作用も同様に重力と呼ばなくてはならない。

リンゴが地球を引きつけるのなら、月が地球を、そして地球が太陽をも引きつけるはずである。そしてその力はすべて重力と呼ぶべきだということになる。つまり、重力は宇宙にわたって普遍的なのだ。これこそが「万有引力」という考え方なのである。

ニュートンの思考実験

さらにニュートンは、円軌道が重力によって生じることを、彼特有の思考実験で確信した

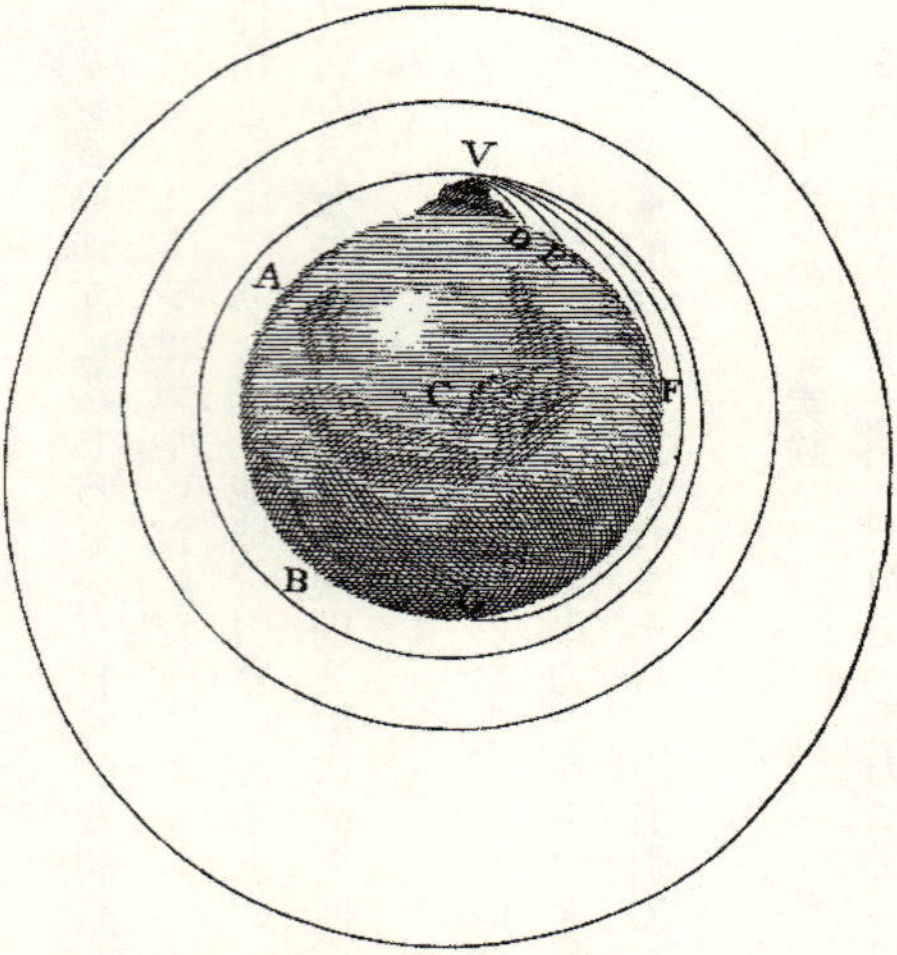

4－11　ニュートンの思考実験　文献（40）より

のだろう。1687年に出版された別の本の中には、次の図が載っている。

図4－11でAとBは地表、Cは地球の中心である。空気の存在は無視しよう。高い山の頂（V）から石を水平に投げると、重力のために麓（D）に落ちる。もっと力を込めて投げると、遠くの地点（E）や、さらに遠く（F）に落ちるだろう。

これらの違いは石を投げるときの初速である。初速をさらに速くすれば、地球の裏側（G）にまで達するだろう。そこで初速が十分に速ければ、地上に達することなく、同じ山頂まで一周して戻ってくるのではないか。

以上がニュートンの思考実験の流れである。石と同様に、月もまた重力によって地球に引かれながら円軌道を描く。リンゴから月へという思考の飛躍は、地上から天上への飛躍でもあった。天体もまた地上の物体と同様に、全く同じ重力の支配を受けていると考えたのだ。

重力の普遍法則へ

このようにニュートンの思考は、段階的で緻密に積み上げられている。今度は重力の法則に向けて議論が進んでいく。

「主な惑星を直線運動からそらし続け、それぞれの軌道上に保持する力は、太陽に向いており、太陽の中心からの距離の2乗に逆比例する(41)（Book 3, Proposition 2）。」

この惑星と太陽に関する命題を、今度は月と地球に当てはめている。

「月をその軌道上に保持する力は、地球の方に向いており、地球の中心からの距離の2乗に逆比例する(42)（Proposition 3）。」

そしていよいよ、**「万有引力の法則」**に到達する。

「重力はすべての物体に普遍的に存在し、各々の物質の量に比例する(43)(Proposition 7)。」

その証明の一部を見てみよう。

「任意の惑星Aのすべての部分は任意の惑星Bの方に引かれていて、[中略]いずれの作用にも(運動の第3法則によって)等しい反作用があるのだから、惑星Bは今度は惑星Aのすべての部分の方に引かれることになるであろう。任意の一部分への重力と、その惑星の全体への重力の比は、その部分の物質と全体の物質の比と同じことになる(44)。」

万有引力の法則は、すべての質量を持つ物体に当てはまるという意味で「普遍則」である。それでは、質量を持たない光に対しては重力の効果がないのだろうか？　光に対しても重力が作用することは、第8講で証明する。

万物に等しく重力が作用すること(45)は、荘子(紀元前4、3世紀頃)による「万物皆一《いっ》なり」という「万物斉同《せいどう》」の考え方と、文理や洋の東西を問わず、時を超えて通じるものがある。

私は仮説をでっち上げることはしない

『自然哲学の数学的原理』の最終ページは、いわゆる「私は仮説を作らない」という有名な言葉で締めくくられている。その前後を訳してみる。

「私は重力に対してまだ原因を付与していない。［中略］私は今までのところ現象から重力のこうした性質の理由を推論できていないが、私は仮説をでっち上げることはしない。なぜなら、現象から推論されないことは何であれ仮説と呼ばれなければならないからだ。そして仮説は、形而上あるいは物理的であろうと、超自然的な性質に基づこうと機械的だろうと、実験哲学にとって意味がないものなのだ。この実験哲学では、命題が現象から推論されるのであり、帰納によって一般化されるのだ。物体の不可入性［ある物体の中に他の物体が入れないこと］、可動性、そして運動力［抵抗に逆らって動かそうとする力］や、運動の諸法則と重力の法則は、この方法によって発見されたのである。そして、重力が本当に存在し、明らかにしてきた法則にしたがって振る舞うというだけで十分であり、重力は天体の全ての運動や海の運動を説明するのに十分である。(46)」

ここでのニュートンの真意は、重力が目に見えない近接作用であるという仮説を牽制しながらも、なぜ遠く離れて接触をしていない物体に対して、重力が「遠隔作用」として働くのか、という疑問を封印することだったのだろう。すでに見てきたように、質量や力といった基礎的な概念に対しても、ニュートンはあえて仮説を述べようとはしていない。ケプラーやデカルトが神秘的な理屈を雄弁に述べたことに比べると、ニュートンの禁欲的な態度は対照的だ。

そもそも、「重力が本当に存在する」と、どうして言い切れるのだろうか? 以前、『爆笑問題のニッポンの教養・京大スペシャル』(NHK総合)という番組中で、お笑いコンビ爆笑問題の太田光が「金星が自分の意思で運動するとは、どうして言えないのか」という質問を教授に投げかけたが、残念ながら答は返って来なかった。科学には、「There is no stupid question.(つまらない質問などない)」という大原則がある。「どんな質問に対しても正しく分かりやすく答えなくてはならない」、と番組を観ながら思った。

17世紀に近代科学が誕生するまでの長い間、「物が運動するのは、その自然な場所を探しているからだ」といった「説明」がなされてきた。現代においても、科学を学んだことがなかったら、そのような感覚的な世界だけで生きていくことになるのである。それはある意味恐ろしいことである。

もし惑星が意思を持って真空中を運動するなら、後方に物質を噴射して推進力を生み出す機構を仮定しなくてはならない。しかし、惑星の近くに探査機を飛ばしても、噴射を裏付ける形跡はない。

一方、重力による説明によれば、惑星はただ太陽に向かって落ち続けているだけである。ケプラーもまた、「惑星を動かす力は太陽本体にある」(『新天文学』第33章のタイトル)というところまで達していた。余計な仮説をできるだけ排除して、「自然哲学の研究のための規則」に徹することが近代科学の考え方なのだ。

現代の科学では、「本当に存在する」と主張することが科学的なのではなく、自然現象などによって実証あるいは反証ができるような「命題」こそが科学的なのである。

★第4講　引用文献

(1) ヨハネス・ケプラー(岸本良彦訳)『新天文学』p.378 工作舎(2013)

(2) ヨハネス・ケプラー(岸本良彦訳)『宇宙の調和』工作舎(2009)

(3)『宇宙の調和』pp.423-424　(4)『宇宙の調和』p.424　(5)『宇宙の調和』p.405

(6) デカルト(三宅徳嘉他訳)『方法序説および三つの試論(デカルト著作集1・増補版)』白水社(2001)

(7) デカルト(三輪正・本多英太郎訳)『哲学原理(デカルト著作集3・増補版)』白水社(2001)

(8)『哲学原理』p.103

(9) ガリレオ・ガリレイ(山田慶児、谷泰訳)『星界の報告　他一篇』pp.118-119 岩波文庫(1976)

（10）『星界の報告　他一篇』p.152
（11）『哲学原理』p.104　（12）『哲学原理』p.105　（13）『哲学原理』p.107
（14）A. Einstein, "Foreword to *Opticks* by Sir Isaac Newton" lix Dover（1979）
（15）©Trinity College, Cambridge（Photograph by Dona Haycraft）
（16）ニュートン（河辺六男訳）『自然哲学の数学的諸原理（世界の名著31　ニュートン）』中央公論社（1979）
（17）I. Newton（A new translation by I. Barnard Cohen & A. Whitman）, *The* Principia, Mathematical Principles of Natural Philosophy, University of California Press（1999）
（18）*Principia*, p.408　（19）*Principia*, pp.408-409　（20）*Principia*, pp.403-404　（21）*Principia*, pp.700-701
（22）湯川秀樹『物理講義』pp.33-34 講談社学術文庫（1977）
（23）*Principia*, p.404　（24）*Principia*, p.416　（25）*Principia*, p.405　（26）*Principia*, p.404
（27）*Principia*, p.405　（28）*Principia*, p.416　（29）*Principia*, p.417
（30）橋本毅彦『〈科学の発想〉をたずねて―自然哲学から現代科学まで』p.111 左右社（2010）
（31）*Principia*, pp.444-445　（32）*Principia*, pp.462-463　（33）*Principia*, p.468　（34）*Principia*, p.800
（35）*Principia*, p.794　（36）*Principia*, p.795　（37）*Principia*, p.796　（38）*Principia*, p.796
（39）W. Stukeley, *Memoirs of Sir Isaac Newton's Life*, p.15, The Royal Society , http://ttp.royalsociety.org/ttp/
（40）I. Newton, *A Treatise of the System of the World*, p.6 挿入図 Dover（2004）
（41）*Principia*, p.802　（42）*Principia*, p.802　（43）*Principia*, p.810　（44）*Principia*, pp.810-811
（45）荘子（森三樹三郎訳）『荘子I』pp.124-125 中央公論新社（2001）
（46）*Principia*, p.943

第5講　ガリレオからアインシュタインへ

第5講では、一様な運動（等速度運動）の相対性について考える。力学は16世紀末にガリレオの実験や推論によって始まったが、19世紀に確立した電磁気学と矛盾する結果を産んでしまった。20世紀はじめにアインシュタインの相対性理論が現れたことによってその矛盾が初めて解決し、第4講で紹介したようなニュートンによる時間と空間に対する考え方が根本的に変わることになった。

相対性理論（短く「**相対論**」と呼ぶ）には「**特殊相対性理論**」と「**一般相対性理論**」の2つがある。前者は基本的に慣性系のみを扱うという意味で「特殊」であり、後者は加速度を持つような「一般」の座標系（非慣性系）を含めたものである。第5講では特殊相対性理論を、第8講では一般相対性理論を紹介する。

ガリレオ・ガリレイ

ガリレオ（図5－1）は近代科学の創始者の一人である。19歳頃、ピサ大聖堂のシャンデリアが風に吹かれて揺れる様子を見ていて、「振り子の等時性」を発見したと伝えられている。これは、振り子の往復にかかる時間（周期）が、振り子の振れ幅が変わっても等しいという法則である。振り子の周期は紐の長さに関係するが、

5－1　ガリレオ

錘《おもり》の重量によらないことも分かっている。

さらにガリレオは、物体の落下の時間が重量によらないという「落下の法則」を発見したとされる。重力だけで落下させることを自由落下と呼ぶ。ただし、ピサの斜塔から物を落として実験したというのは後世の作り話だ。斜面を使って物を滑らせるという有名な実験も、残念ながら実際の装置や記録が残っていない。

重量の違う2つの重い物体を落とすと同時に地面に落ちるという実験は、斜面の実験より前の1586年にオランダのステビンが行っていた(1)。当時の時間を計る精度では、自由落下させるよりも斜面を使ってゆっくりと滑り落ちるようにした方が正確だったろう。ただ、自

由落下では空気抵抗をなくすために真空装置が必要となるし、斜面では速度によって摩擦力の大きさが変化するから、一筋縄では行かない。

ガリレオと言えば、彼が支持した地動説を弾劾する裁判での「それでも地球は動いている」という言葉で有名だが、実際には「それでもそれは動いている！（*"Eppur si muove !"*）」と言ったと伝えられている。前後の文脈が分からないので、裁判に疲れて目眩《めまい》がしただけだという説もある。あるいは、夏目漱石作『それから』の主人公（代助）による最後の独白、「ああ動く。世の中が動く」と似た精神状態だったのかもしれない。

『天文対話』という架空鼎談

ガリレオは、１６３２年に『二大世界体系についての対話』(2)（以下、日本での通称である『天文対話』）という啓蒙書をイタリア語で出版した。「二大世界体系」とは、地動説と天動説のことである。この本は地動説派のサルヴィアチ、天動説派のシムプリチオ、良識ある第三者のサグレドによる鼎談《ていだん》として書かれていて、一般の読者にとって分かりやすい構成になっている。ちなみにガリレオは、サルヴィアチらの「友人」ということになっている。

『天文対話』に書かれた、運動と静止についてのくだりを見てみよう。

シムプリチオ「きわめて適切な実験があります。それは船のマストの頂上から石を落とすもので、この石は船がじっとしておればマストの根元に落ちます。しかし船が走っておれば、この石は、これが落ちる時間に船が前進しただけ同じ点から離れて落ちます。」(3)

落ち始める時点の石が、海上に対して静止している（つまり船の動きから独立しており、水平方向に動いていない）なら、船の運動によって落下点が変わり、シムプリチオの予想通りになるだろう。例えば、空から雹《ひょう》が降る場合がそれに当たる。

それでは、落ち始める前の石（図ではリンゴ）が、帆走中の船のマストに固定されている場合はどうなるだろうか（図5-2上）。

石が落ち始める時点で、船が一定の速度 v で帆走していたとしよう（ただし石の落下は、空気抵抗の影響を受けないものとする）。海上から見たとき、石は落ち始めた後も水平方向に船と同じ速度 v を持って運動する。つまり、石はマストに沿ったまま移動するだろう（図5-2中）。一方、石は重力に引かれて鉛直方向に加速していく。したがって、海上から石だけを眺めれば、船の進行方向に放物線を描いて落ちるが、石とマストの水平方向の位置関係は常に変わらない。

ガリレオ自身の考えを代弁するサルヴィアチは、次のように明言する。

サルヴィアチ「すなわち石は船がじっとしていようとどれほどの速さで動いていようと、つねに同じ場所に落ちることが示されるでしょう[4]。」

シムプリチオは実際に実験をせずに先人の説を受け売りしていただけで、思弁に走り過ぎた先人たち（アリストテレス派）と同様に間違っていたのだ。

さて帆走中の船上からは、同じ石の落下がどう見えるだろうか（図5－2下）。その場合、水平方向には石も船も動かず、石はマストに沿ってまっすぐ落ちるだけだ。その様子

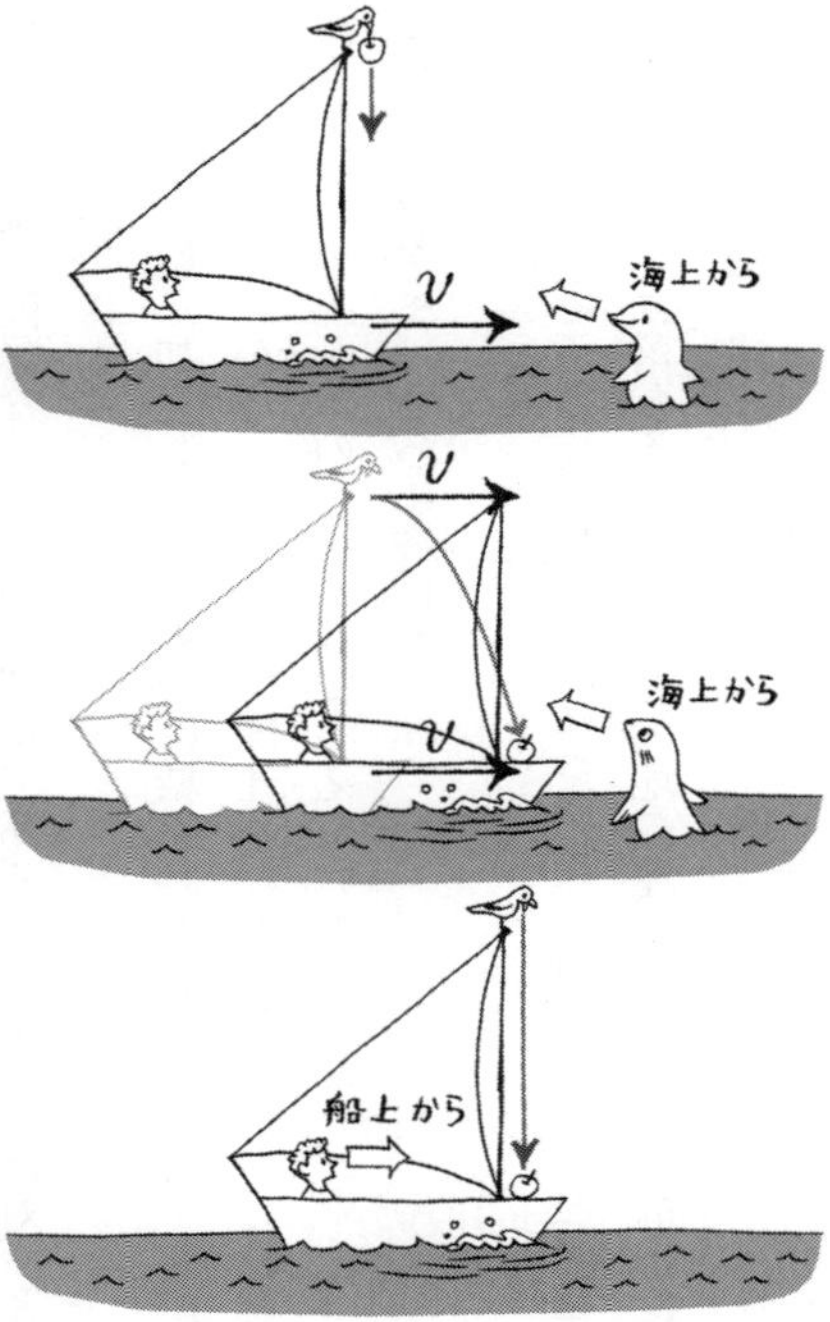

5－2　運動と静止

は船の速度に関係なく、一様な運動である限りは、海に対し運動していても静止していても全く同じ結果になる。
ただし、船が加速している場合は結果が変わってくる。石が落ち始めるときに船が動き始めて、速度ゼロから一定の割合で加速したとすると、石の軌跡はどのようになるだろうか。海上からと船上からのそれぞれで考えていただきたい（☆ 答は第7講）。
サルヴィアチはさらに続ける。

サルヴィアチ「ですから大地についても船についてと同じ根拠のある以上、石がつねに塔の根元に落ちることからは大地の運動についても静止についても何も推論されることはできません。(5)」

この「塔」はピサの斜塔であろうか。船の運動を大地の運動に当てはめて考えれば、マストの代わりに塔から石を落としても、真下に落ちるだけだ。石が真下に落ちるという事実を根拠に、「大地が静止している」と主張したアリストテレス派の考えは正しくなかった。このようにしてガリレオは、一様な運動の有無にかかわらず落下の法則が等しく成り立つ事を正しく指摘した。

ただしガリレオは、第4講で説明した円慣性の仮説にとどまり、「慣性系」の考え方には到達していなかった。また、地球の大地は、自転しているがために慣性系ではない。実際、地球が自転することで、地上の物体（大地に対して静止している物体と、運動する物体の両方）に、遠心力という慣性力が働いている（第4講）。

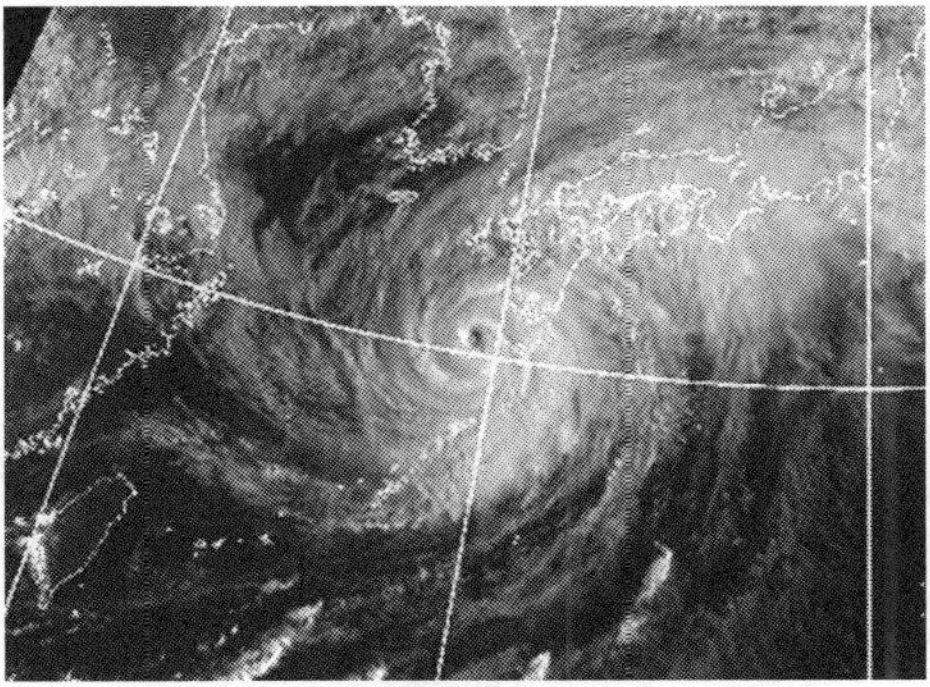

5－3　日本に上陸した台風　URL(6)より

地球の自転の実証

地球が自転することで、大地に対して運動する物体にはさらに「**コリオリの力**」という別の慣性力が働く。コリオリの力は、運動の方向に対して直角に働き、北半球では右向きに、南半球では左向きに作用する。例えば北半球の台風では、低気圧の中心に向かって外から強い風が流れ込むが、コリオリの力によって風は右にそれる（図5－3）。「台風の目」を中心とする円周の各点で、中心に向かって右向きの成分をつないでいくと分かるように、台風は上から見て反時計回りの渦を成す（☆）。

フーコー（Léon Foucault, 1819-1868）は、地球の自転で生じるコリオリの力が振り子の運動に影響を与えるはずだと初めて気が付いた。そこで1851年に、パリのパンテオンで次のような公開実験を行った（図5-4）。吹き抜けの高い天井から吊された巨大な振り子を揺らすと、その振動方向（往復運動の方位）が時間とともにゆっくりと回転していく（例えば南北方向から南南西-北北東方向）。この変化は一定の速さで一方向にだけ生じるので、紐がねじれて起こるのではない。

5－4　フーコーによる公開実験　文献(7)より

　この運動の変化がどのように生じるか考えてみよう。コリオリの力は物体の速度に比例する。振り子の速度が最大になる中心付近で考えると、運動の方向に対して右向きにコリオリの力が働くため、振動方向は上から見て常に時計回りにねじれることになる。コリオリの力は、運動方向に対して常に垂直に働くため速度を変化させることはなく（第6講）、運動の方向のみを変化させる。その変化の向きは、地球の自転（北極の上から見て反時計回り）と逆向きである。

ここで見方を変えれば、振り子の振動方向は宇宙に対して常に不動であって、地球が自転するために、地上では振動方向が地球と逆向きに回転して見えると考えてもよい。確かに振り子の振動方向は、地軸上の北極点と南極点で1日をかけて一周する。また、振り子を観察する地点の緯度が低くなるにつれて1日よりさらに長い時間で一周するようになり、赤道では全く変化しなくなる。

こうして、「不動の大地」である地球は自転していることが確かな事実となった。星の日周運動（第3講）を「相対運動」と見なすなら、天球が回転しているのか、地球が回っているのかは分からなくなるし、地動説と天動説（第3講）のどちらでもよくなってしまう。「すべては相対的である」という表面的な理解ではなく、回転運動の生じる要因ができるだけ自然で単純になるように考えたい。ただし、慣性力によって相対運動を「絶対運動」と区別する点には、さらに奥深い問題が潜んでいるので、第7講で改めて議論することにしよう。「フーコーの振り子」は、全国各地の科学館などに展示されている。それを眺めながら、地球の運動に思いを馳せるのも一興《いっきょう》だろう。

「相対性」とは

日常的な意味で「相対的（relative）」と言えば、他と比較するということだが、本講で説明する「**相対性**（relativity）」とは、平たく言うと「お互い様」という意味である。また、「**相対論的**（relativistic）」という用語は、「相対性理論に従う」という意味で使われる。

アインシュタインが大正時代に改造社（当時の出版社）の招きで来日した際、相対論の本が一般にもよく売れたそうだ。ただし、相対性を男女の「相性」や「相対《あいたい》」と勘違いした人が多かったという。

相対性を理解するために、2つの慣性系（慣性の法則が成り立つ座標系）AとBを考えよう。先ほどの船のマストから石を落とす実験で言えば、海上にいる人がAで、船に乗っている人がBだとすればよい。同じ現象に対して、一方の慣性系から他方の慣性系に視点を変えることを、「**変換**」と言う。石が船のどこに落ちるかを、AとBそれぞれで観測することを思い浮かべると、観測者AとBで全く同じ結果が得られるから、両者は「お互い様」だと言える。

前述のように、落下の法則は慣性系AとBで変わらずに観測される（海上から見ても船上から見ても、石はマストの根本に落ちた）。一般にAとBで観測した結果が全く同じであることを、AからBへの変換、そしてBからAへの逆変換に対して「**不変**」であると言う。また、ある法則が慣性系間の変換で不変であれば、その式は観測者が変わっても完全に同じ形で表される。これが相対性の第1の意味である。

さらに、たとえAとBで観測した結果が違っていたとしても、その「違い方」がAからB

への変換と、BからAへの逆変換に対して同等であれば、「相対論的」と考えてよい。これが相対性の第2の意味である。

例えば2人の漫才師AとBがいて、相方より自分の方が「のっぽ」なら、それはどちらから見ても変わらない事実だ。これは日常的な意味で「相対的」である。ところがもしAからBを見ても、そしてBからAを見ても、相方より自分の方が「のっぽ」に見えるならば、その「違い方」は同等だから、「相対論的」ということになる。本講の後半で説明するように、慣性系同士では、確かに長さが「互いに」縮んで見えるのである。

第4講で絶対的な時間と空間について述べたが、「絶対」は「相対」の対義語だ。夏目漱石の『行人《こうじん》』には、次のようなくだりがある。

「まづ絶対を意識して、それから其《その》絶対が相対に変る刹那《せつな》を捕へて、そこに二つの統一を見出すなんて、随分骨が折れるだらう。第一人間に出来る事か何だか夫《それ》さえ判然しやしない(8)」

相対性は、相手の立場に立って物事を考えるという想像力を必要とする。国のレベルはもちろん、個人間でも独り善がりな主張が罷《まか》り通る現代において、相対性は人間が生き抜くための知恵でもある。

これまで述べてきた慣性系に対する性質をまとめると、次のようになる。

ガリレイ - ニュートンの相対性原理

3次元空間の慣性系はすべて同等であり、運動の法則は慣性系間の変換に対して不変である。

これを「ガリレイ - ニュートンの相対性原理」と呼び、ニュートンが見出した運動の法則はこの原理に従うと考える。ガリレオは慣性系を正しく認識していなかったし、この原理を提案したわけでもなかったが、「古典力学（19世紀までの力学）」を象徴する意味でこのように呼ばれている。なお、物理用語としては「ガリレオ」でなく「ガリレイ」と呼ぶのが国際的に標準である。慣性系間の変換であるガリレイ変換については、次項で説明する。

後に述べるように、この原理と運動の法則は、光速より十分遅い速さの慣性系で成り立つ。速度 v が光速 c より十分遅いということを「$v \ll c$」という記号で表し（音楽のフォルテシモ *ff* のように、不等号を二重にして強調する）、その極限を「$v/c \to 0$」と書く。この極限は、20

世紀に現れたアインシュタインの相対論と対比して、「古典力学の極限」と呼ばれる。

ガリレイ変換

慣性系の変換をより理解しやすくするために、線路を走る列車を例にとってみよう。図5－5のように、まっすぐな線路をx軸とする3次元座標（x, y, z）を取って、慣性系K（x, y, z）を考えよう。「K」は、ドイツ語で座標系を意味するKoordinatensystemの頭文字である。

この慣性系Kに対して、x軸の方向に一定の速度vで運動する列車を、慣性系K'（x', y', z'）としよう。慣性系Kの時間をt、慣性系K'の時間をt'とする。KからK'の原点を見ると、常にvtの位置にあることになる。

慣性系Kのx軸上に1点xをとると、慣性系K'でこの1点に対応する位置x'は、xからK'の原点の移動距離vtを差し引くことで求まるので、$x - vt$となる。なお、慣性系K'はx軸上を移動しているため、他の座標yやzは変わらない。また、時間は不変である（$t' = t$）と暗に仮定されている。

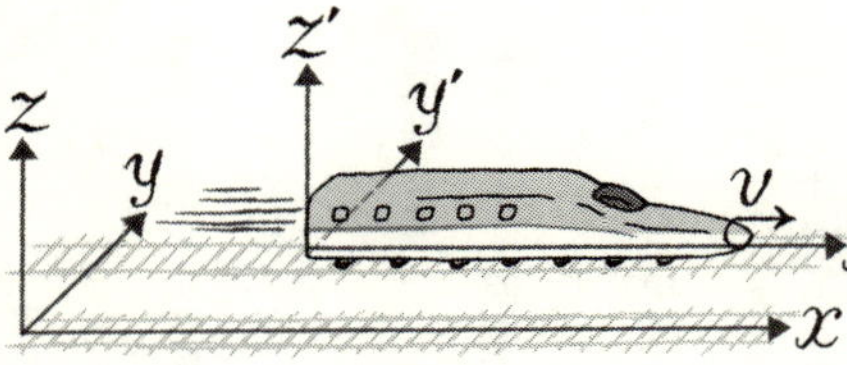

5－5　2つの慣性系

$x' = x - vt$ と $t' = t$ を合わせた変換のことを、「**ガリレイ変換**」と呼ぶ。ガリレイ変換は、ガリレイ－ニュートンの相対性原理の要請を満たしている。

このガリレイ変換は明らかに正しいと思えるかもしれないが、相対論で修正されることになる。その根本的な原因は、「時間は不変である」という暗黙の仮定にあった。

座標軸とは

ガリレイ変換をデカルト座標系（第4講）のグラフで表したとすると、幾何学的にどうなるだろうか。まず3次元座標（x, y, z）の座標軸について、3つの基本的な性質を確認しておこう。一見単純な性質だが、大学生でもよく理解していないことが多いポイントでもある。

1　すべての座標軸は1点で交わる。その点が原点（ゼロ点）であり、座標はこの点から始まる。軸の一方はプラス、他方はマイナスである。

2　ある1つの座標軸上では、それ以外の変数の値がすべてゼロとなる。例えば z 軸上では、常に $x = y = 0$ が成り立つ。この性質は性質1から明らかなのだが、意外と盲点になっている。

3　ある1つの座標軸に平行な直線は、それ以外の変数の値が一定となる。例えば x 軸に平行な直線は、y = const. と z = const. となる。const. は「ある一定の値」（英語で constant）という意味である。性質3は、性質2を一般化したものである。

すべての座標軸が互いに直角に交わるとき、全体を**直交座標系**という。また、座標軸のいずれかが他の座標軸と斜めに交わるとき、全体を**斜交座標系**という。今説明した3つの性質は、どちらのタイプの座標系でも成り立つ。高校までは直交座標系しか習わないためか、斜交座標系が特殊だと思われがちだが、基本的な性質は全く変わらない。

ガリレイ変換と斜交座標系

時間と空間を合わせて**時空**と言う。時空を扱うとき、空間を横軸に、時間を縦軸にとったグラフで表すと、分かりやすくなる。時間の方には速度定数である光速 c を掛けて、ct とする。ガリレイ変換ではあまりその必要性が感じられないだろうが、相対論で時空の対称性を扱うときに威力を発揮するので、まずその使い方に慣れておきたい。

列車の運動は位置 x と時間 t で表せるので、横軸の x 軸と、縦軸の ct 軸による2次元座標と見なせる。座標（x, ct）は、時空の「1点」を表す。そうしたグラフのことを、「**時空グラフ**」と呼ぼう。なお、軸のスケール（尺度）はどちらも（速度定数も含め）任意に取ることができる。

まず、慣性系Kの点(x, ct)を時空グラフで表すために、x軸を水平右向きに、ct軸を垂直上向きにとった「直交座標系」を用いることにしよう。ガリレイ変換によって、座標系(x, ct)は(x', ct')に変換されるわけだから、それに伴って座標軸も変化することになる。そこで、x'軸とct'軸が時空グラフの中でどのように変わるかを調べたい。

性質2より、x軸上では常に$ct = 0$が成り立つ。$t' = t$というガリレイ変換では、x軸上で常に$ct' = 0$も成り立つ。この$ct' = 0$はx'軸を表すから、x'軸とx軸は一致することになる。

次にct'軸を求めよう。性質2より、ct'軸上では常に$x' = 0$が成り立つ。$x' = x - vt$というガリレイ変換によれば、$x = vt$なら常に$x' = 0$が成り立つ。このとき、$x = \frac{v}{c}(ct)$と$ct = \frac{c}{v}x$となる。後者は$y = \frac{c}{v}x$（縦軸をy軸とした場合）という斜めの直線を表しており、これが求めるct'軸である（図5-6）。

このグラフ全体を横から見れば、ct'軸は、ct軸をv/cの割合でx軸の方へ傾けた直線である。このようにグラフを横から見る方法は、後で述べるように相対論の時空グラフで役立つ。かくして座標系(x', ct')は、「斜交座標系」となることが分かった。

さて、$t' = t$なら$ct' = ct$なので、ct'軸とct軸は一致すると思えるかもしれない。しかし、この直観は間違っている。どこが間違いなのかを指摘してみよう（☆）。

今度は、得られた斜交座標系を実際に使ってみる。図5－7の原点をOとした。ちなみにOはゼロ点を表すだけでなく、原点を表す**origin**の頭文字にもなっている。斜交座標系に任意の点P（**point**の頭文字）をとり、その座標を（x', ct'）としよう。性質3より、x'軸に平

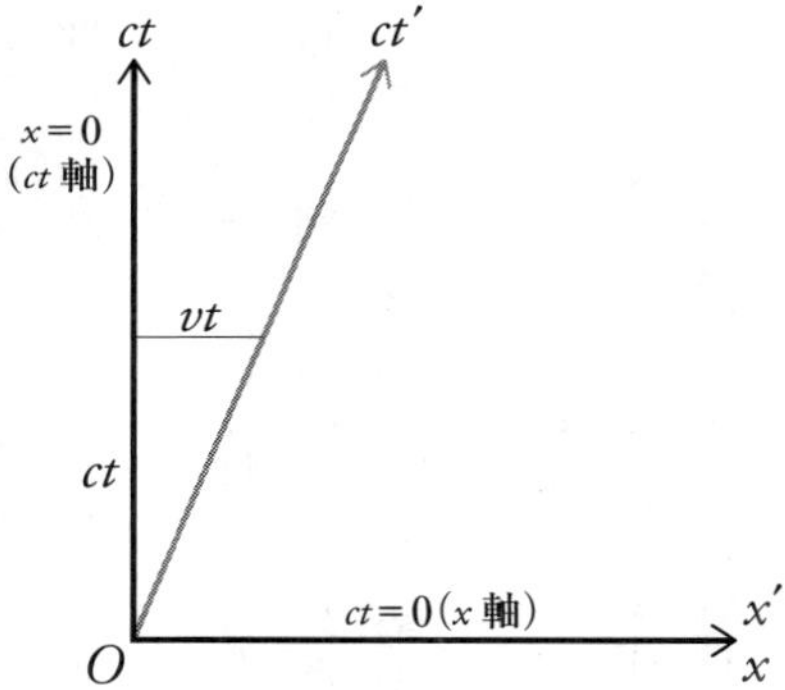

5－6　ガリレイ変換と斜交座標系①

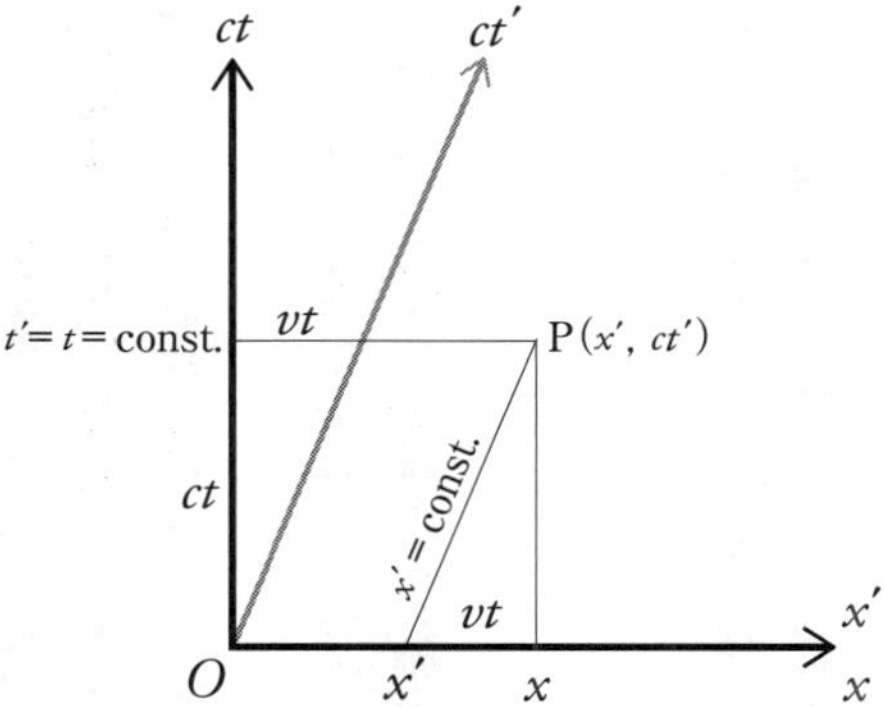

5－7　ガリレイ変換と斜交座標系②

行な直線（図で点Pを通る水平線）は、$t' = t = \mathrm{const.}$ となる。ここで、$t = \mathrm{const.}$ は慣性系Kで「同時」の点を表す。$t' = \mathrm{const.}$ も同様であり、両者が一致するので、2つの慣性系の間に「同時性」が保たれる。また、ct'軸に平行な直線（図で点Pを通る斜めの線）は、$x' = \mathrm{const.}$ となる。

さて、点Pからct軸に平行な直線（図で点Pを通る垂直線）を引くと、点Pのx座標が得られる。図の2箇所にvtの長さを示したが、一致するx'軸上とx軸上で、ガリレイ変換$x' = x - vt$が幾何学的に確かめられる。

アインシュタイン登場

第5講の主役は、現代の宇宙観を創造したアインシュタイン（図5-8）である。アインシュタインは20世紀前半の物理学の革命を主導して、さらに2度の世界大戦という激動の時代を生き抜いた。

次のアインシュタインの言葉は、67歳の頃に書いた自伝（以下、『自伝ノート』）からのもので、**ニュートン力学**（古典力学）からの転回を知る上で重要な意味を持っている。

「ニュートン先生、私を許して下さい。あなたは、あなたの時代に、最も高い思考力と創造力の人として可能な唯一の道を発見された。あなたが創造された概念は現在でさえも依然としてわれわれの物理学における思考を導いています。現在では、概念のあいだの関係をより深く把握しようとすると、われわれはあなたの概念を直接経験できる枠内から遠くはみ出した他のものに置き代えなければならないことを知っていますが、事情は変わりません。(10)」

５－８　アインシュタインの自画像スケッチ　ヴァイオリニストの鈴木鎮一氏へ宛てた1926年の献辞がある　URL(9)より

アインシュタインが大学生になって物理学を専攻し、数学とある程度距離をとった理由として、次のように書いている。

「数学が多くの特殊な部門に分かれており、そのどのひとつもわれわれに許された時間をうばってしまう可能性があるということを知った。その結果、私は、どちらの干草の束に向かったらいいのか決めかねているビュリダンのロバのような状態におちいった。［中略］しかし、物理学の分野では、私はすぐに、基本的なものにつながり得るもの、ほかのすべてのものとは区別しなければならないもの、精神を乱し、本質的なものから逸してしまうものを嗅ぎ分けることを学んだ。(11)」

ここに出てくる「ビュリダンのロバ」とは、二つある干草の山のうちどちらか多い方を食べようと迷って選べず、干草を目の前にして餓死してしまう、というロバの話である。進学先でも就職先でも、より面白そうなテーマ、より将来性のありそうな分野、より自分に合った環境を選ぼうと考えあぐねているうちに、結局どれも選べずにチャンスを逃してしまうことがあるだろうから、「ビュリダンのロバ」は笑えない話だ。

アインシュタインはとてもよくユーモアを解する人だった。あるときは「あなたの研究室はどこですか？」と尋ねられて、微笑しながら胸のポケットから万年筆を取り出し、「ここです」と答えたという。(12)私も常に愛用の万年筆を持ち歩いているので、同じ質問を受けたいものだ。

ガリレオの没年にニュートンが生まれたのと符合するように、電磁気学を確立した**マクスウェル**（James Clerk Maxwell, 1831-1879）の没年にアインシュタインが生まれている。この不思議な巡り合わせのためか、アインシュタインはニュートンよりもマクスウェルに強い影響を受けたのだった。

アインシュタインの誕生日は3月14日だ。「ニュートン祭」のように、ホワイトデーに「アインシュタイン祭」を企画してはどうだろう。

光速を決める法則

アインシュタインと言うと、「光の速度は超えられない」という法則を思い出す読者が多いのではないだろうか。なぜそうなるか正しく分かるためには、光の性質について一歩踏み込んだ理解をしておく必要がある。

光の実体は**電磁波**で、電場と磁場の周期的な振動が周りに伝播する現象である。マクスウェルが確立した**電磁気学**の基本法則によれば、電場に対する分極（プラスとマイナスの電気に分かれること）の程度を表す**誘電率**（ε：ギリシャ文字イプシロン）と、磁場に対する分極（N極とS極に分かれること）の程度を表す**透磁率**（μ：ギリシャ文字ミュー）によって、光の伝わる速さ（**光速**）cが定まる（$c^2 = 1/\varepsilon\mu$）。物質の分極が大きいほど、物質内の光の速さは遅くなる。

また真空中の誘電率と透磁率も定数であり、光速は真空中で一定値cをとる。cの単位はメートル毎秒［m/s］で、その値は2.99792458 × 10^8 m/s（およそ秒速30万キロメートル）である。これは、いわゆる「1秒に地球を7回半回る」速さだ。物質中の光速はこの値より必ず小さくなる。真空中の光速は、数学の円周率 π に相当するような、物理の基礎定数である。

アインシュタイン少年の思考実験

科学について早熟だったアインシュタイン少年は、自分で電磁気学を学んでいて、16歳のときに独自の「思考実験」に取り組んだ。アインシュタイン自身の言葉を引用しよう。

「そのパラドックスは、光線のビームを(真空中の)光速度 c で追いかけると、その光線ビームは静止した、空間的に振動する電磁場としてみえるはずだというものだった。しかし、経験に基づいても、マクスウェルの理論によってもそのようなことが起こるとは思えなかった。そもそものはじめから私には、そのような観測者の観点から判断すると、すべてが地球に相対的に静止している観測者と同じ法則にしたがって生じなければならないことは直感的に明らかなように思われた。[中略]

このパラドックスのなかに特殊相対性理論の萌芽がすでに含まれていることがわかる。(13)」

アインシュタイン少年は、光が止まって見えるという力学の予想が電磁気学と矛盾するというパラドックスに、すでに気づいていたのだ。ガリレイ変換によれば、光速 c の値は、観測者と光源の相対速度 v によって変わるはずである。一方、誘電率と透磁率の値を測定して光速を求めるなら、光速は光源の運動状態と関係なく定まる。これは明らかな矛盾だ。つまり、物理学の根幹を成す力学と電磁気学が、互いに相容れない関係に陥ってしまったのである。

奇しくもマクスウェルの没年に生まれたアインシュタインは、迷うことなく電磁気学の方が正しいと直感したに違いない。光速を求める式（$c^2 = 1 / \varepsilon\mu$）には相対速度 v が入らないのだから、たとえ「光線のビームを光速度 c で追いかける」観測者であろうとも、地上で観測した（つまり「地球に相対的に静止している観測者」が測った）のと同じ結果が得られなくてはならない。

言い換えれば、電磁気学の法則と、それが導く光速は、慣性系間の変換に対して不変でなくてはならない。これが「光速不変の原理」である。この原理を満たすためには、従来の力学の方を修正して、ガリレイ変換に代わる新たな変換規則が必要となる。

アインシュタインの思考法

1887年に「マイケルソン＝モーリーの実験」で示されたような、光の速度が地球の公転運動に左右されないという結果は、アインシュタインの思考に影響を与えることがなかった。事実1954年の手紙の中で、アインシュタインは次のようにはっきりと述べている。

「私自身の［理論の］発展で、マイケルソンの結果が大きな影響を与えたことはありませんでした。この点に関する私の最初の論文（1905年）を書いたときに、それについて知っていたかさえ思い出せないのです。なぜなら、一般的な理由で絶対運動が存在しないということを私が固く信じていて、これが電気力学の知識と両立するのかということだけが私の問題だったからです。私の個人的な苦労において、なぜマイケルソンの実験が何の役割も、少なくとも決定的な役割を果たさなかったかは、これでお分かりいただけると思います。(14)」

アインシュタインは、過去の実験結果がどんなものであろうとも、基盤となるべき原理と法則を信じて最後まで貫き通したのだ。

光速が速度の上限であるとする予想は、実はアインシュタインの論文の前年にポアンカレが発表していた。しかし、光速が速度の上限であることは、相対論の「帰結」であって「前提」ではない。前提となっているのは、あくまで「光速が観測者によらずに不変である」、という基本原理なのである。

ポアンカレは実験結果に基づいて「合理的に」理論を作ろうとしたが（これを「帰納」と言う）、逆にアインシュタインは、基本原理からの「演繹《えんえき》」によって結論を導いたのである。

「超光速」という幻想

２０１１年９月に、ニュートリノという素粒子の速度を測定したところ、光速をわずかに上回るという結果が発表されたが、実際には測定装置の接続ミスが原因だったと後になって判明した。当初現れた相対論の解説記事は、物議を醸した状態を沈静化させることにならなかった。それどころか、「相対性理論の枠組みは大きく揺らぐ」と報じられたことで、実際には「アインシュタインは間違っていた」というセンセーショナルなニュースとして流布してしまった。[15] より問題なのは、報道の中で「未来から過去へ旅するタイムマシンの基礎となる」と表現されたことである。これでは、「タイムマシン」に物理学的根拠があるかのような誤った理解を、一般に浸透させることになりかねない。科学の理論とＳＦの着想では何が違うのかはっきりさせる必要があったのだ。

光速と言えば、将棋棋士の谷川浩司九段を象徴する「光速の寄せ」を思い浮かべる人もいるだろう。私もその一人で、自室に図５－９の額を掛けているから。光速を超える術はないから、光速の寄せは棋士の目指す究極の終盤術なのである。

私が高校生のときに読んだ英語の問題集には、「技術の進歩によって、人類は音速の壁を超えた。近い将来、光速の壁も超えるだろう」と真面目に書いてあった。傑作な話だと思って周りの友だちに話して回ったが、誰も笑ってくれなかったという思い出がある。

もちろん音よりは光の方が速いわけだが、不思議なことに日本では、光《ひかり》よりもさらに速いものがある。それはいったい何だろうか（☆　解答は本講の終わりに）。なお、それはSFに出てくる超光速の粒子「タキオン」などではなく、

5－9　谷川九段の色紙　日本将棋連盟（著者所蔵）

実際にあるものだ。

2つの原理

「奇跡の年」と呼ばれる1905年に発表された論文の1つで、アインシュタインは次の2つを原理として掲げている。

「1　互いに他に対して一様な並進運動をしている、任意の二つの座標系のうちで、いずれを基準にとって、物理系の状態の変化に関する法則を書き表そうとも、そこに導かれる法則は、座標系の選び方に無関係である。

2　ひとつの静止系を基準にとった場合、いかなる光線も、それが静止している物体、あるいは運動している物体のいずれから放射されたかには関係なく、常に一定の速さ c をもって伝播する。ここで光の速さとは、

速さ＝［光の進んだ距離］／［伝播に要した時間］

によって定義される。[16]」

1つ目の原理は「**特殊相対性原理**」と呼ばれる。「一様な並進運動」とは、等速度運動のことであり、並進運動は回転運動と区別した用語である。ここで言う座標系は、慣性系のことだ。第4講で説明したように、運動と静止は相対的な見方の違いに過ぎず、「静止すると普通見なされる物体がいつも本当に静止しているとは限らない」ということを思い出そう。す

ると、物理法則が慣性系の運動状態によって変わるようでは、物理学の基盤が揺らいでしまう。すべての物理法則が慣性系間の変換に対して不変であると考えなくてはならない理由はそこにある。

アインシュタインは特殊相対性原理について次のように述べている。

「これは、熱力学の基礎にある、永久機関の非存在という制限的な原理と比較しうる、自然法則を制限する原理である[17]。」

永久機関とは、何もないところからエネルギーを生み出すような幻の機械である。その存在を否定するという要請から、エネルギーに関わる力学や熱力学は始まっていると言ってよい。永久機関が存在しないという制限的な原理が熱力学の基礎にあるように、特殊相対性原理は、あらゆる慣性系を同等に扱うという制限的な原理であり、この要請は自然法則の根幹を成す。

特殊相対性理論の論文に掲げられた2つ目の原理は、「光速不変の原理」である。古典力学では2つの原理が両立しなかったため、アインシュタインはそれらを独立な原理として提案することで、矛盾なく問題を解決したのだった。前に述べたように光速は電磁気学の法則の一部なのだから、光速不変の原理は特殊相対性原理の一部だと考えてよい。

ローレンツ変換の導入

以上のことを踏まえて、ここでは特殊相対性原理を次のようにまとめることにしよう。

4次元時空（ユークリッド空間）の慣性系はすべて同等であり、あらゆる物理法則は慣性系間の変換に対して不変である。

4次元時空とは、3次元空間と時間を合わせたもので、3つの空間軸（x, y, z）と時間軸tを原点で重ねて考える（空間と時間は負の値も取れるので、時空のどこか1点をゼロと定めればよい）。人間という存在もまた、3次元空間を時間的に変化しながら生きている。また、ユークリッド幾何学（『ユークリッド原論』を基礎として、平面上の幾何学を体系化したもの）が成り立つと仮定した時空のことを、**ユークリッド空間**と呼ぶ。

特殊相対性原理の要請を満たすような変換は、**ローレンツ変換**と呼ばれる。光速に近い速度で電子が運動すると、その運動方向に電子の長さが縮むという可能性をローレンツ（Hendrik Lorentz, 1853-1928）が1895年に指摘していたが、アインシュタインは1905

年当時それを知らなかった。このローレンツの先見性に敬意を表して、後にローレンツ変換と呼ばれるようになったのである。電磁気学の法則を含めて、法則や物理量がローレンツ変換に対して不変に保たれることを、「**ローレンツ不変性**（Lorentz invariance）」と言う。

ちなみに、月にあるたくさんのクレーターには科学者の名前が付けられているが、「嵐の大洋」の西側には、ローレンツ・クレーターとアインシュタイン・クレーターがすぐ近くにある。

ローレンツ変換と斜交座標系

さて、ガリレイ変換のもとでの時空グラフを説明したが、ローレンツ変換のもとでの時空グラフはどうなるだろうか。実はこの新しい時空グラフが、特殊相対性理論の時空の理解を助けることになる。

結論を述べると、図5-10のように時間軸と空間軸の両方をv/cの割合で斜めに傾けた斜交座標系が、ローレンツ変換による慣性系$K'(x', ct')$の時空グラフである。ガリレイ変換では時間軸のみをv/cの割合で空間軸の方へ傾けたのだった。ローレンツ変換による時空グラフでは、空間軸と時間軸が元々の直交座標系に対して対称的に傾けられており、特殊相対性理論が時空を対称的に扱うものであることが幾何学的に示されている。

したがってローレンツ変換では、x軸とx'軸が一致しないため、x軸に平行な直線$t=$ const. と、x'軸に平行な直線 $t'=$ const. も一致することがなく、2つの慣性系の間に「同時性」は保たれない。

時間の伸びの相対性

特殊相対性理論では、2つの慣性系間で対応する時間を測ったとき、互いに相手の時間が伸びる（相手の時計の方がより進む）ことになる（英語ではdilationと呼ばれる）。このことを時空グラフで確かめてみよう。

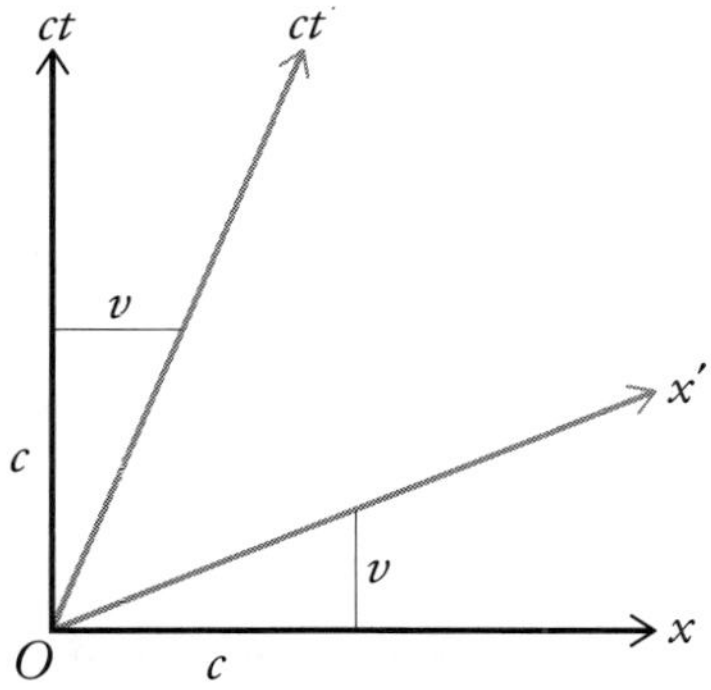

5－10　ローレンツ変換と斜交座標系

まず慣性系Kと慣性系K'に、それぞれ同じ性能の時計を置き、$t=0$と$t'=0$で同期させておく。慣性系Kで$x=0$に置かれた時計について時間t_1が経つとき、慣性系K'の時計ではどの位の時間t'_1が経過するだろうか。

図5-11でct軸上の点$(0, ct_1)$からx'軸と平行な線を引くと、ct'軸と交わる点がある。この交点が求めた

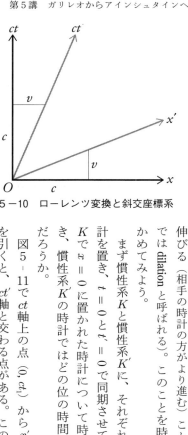

いt'_1を与える。交点$(0, ct'_1)$は、慣性系Kで$(0, ct_1)$を通るx軸に平行な線より必ず上にあるから、$ct'_1 > ct_1$となって時間が伸びることが分かる。

次に、時間の伸びが「相対論的」であることを確かめるため、2つの慣性系を入れ替えて考えてみよう。特殊相対性原理によれば、時間が伸びるという「違い方」は観測者が変わっても同等なので、時間は慣性系同士で「互いに」伸びることになる。慣性系K'で$x'=0$に置かれた時計について時間t'_1が経つとき、慣性系Kの時計ではどの位の時間t_1が経過する

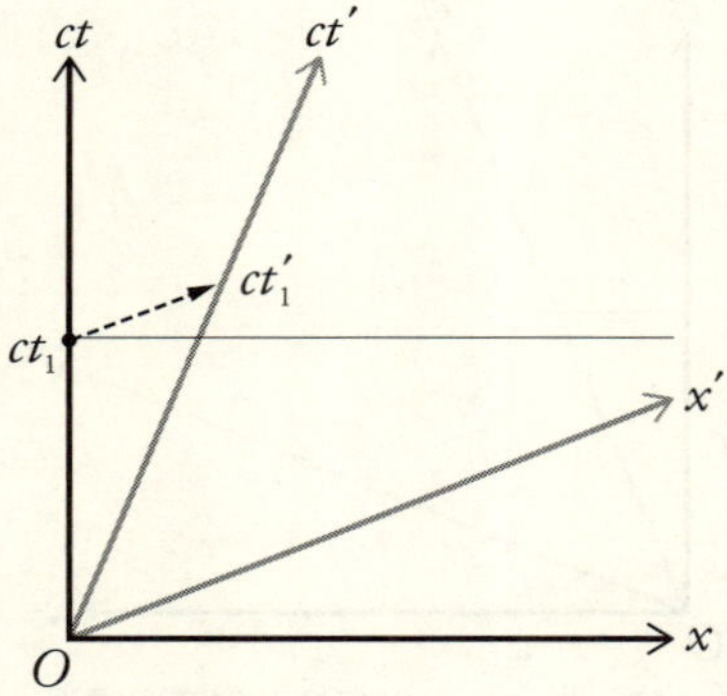

5－11　時間の伸び①

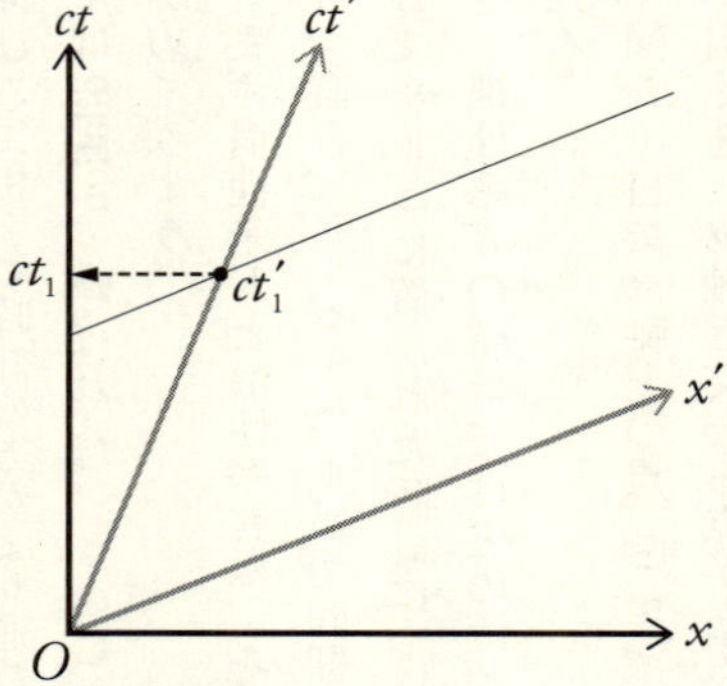

5－12　時間の伸び②

だろうか。

図5-12でct'軸上の点（0, ct'_1）からx軸と平行な線を引くと、ct軸と交わる交点がt_1を与える。交点（0, ct_1）は、慣性系K'で（0, ct'_1）を通るx'軸に平行な線より必ず上にあるから、$ct_1 > ct'_1$となって時間が伸びることが分かる。

以上のように、相対論は時空の幾何学的な性質を明らかにする理論なのだ。

時間の伸びの実証

特殊相対性理論が予言する時間の伸びは、1940年代から繰り返し実証されている。ここでは、素粒子の一つミューオン（ミュー粒子）の例を紹介しよう。

宇宙線（宇宙から地球に到達する高エネルギーの放射線）が地球の上空約20キロで大気中の原子核と衝突すると、このミューオンが発生する。ミューオンは2マイクロ秒（1マイクロ秒は百万分の1秒）というわずかな「寿命」で電子とニュートリノに変わるので、地上でミューオンをとらえることはできないはずだ。この変化は確率的に起きるため、ミューオンの半分が電子とニュートリノに変わるまでの時間（一般に半減期と呼ばれる）を寿命としている。

しかし、実際にミューオンは地表まで届くことが知られている。光速の99・5%を超える速さで飛来するミューオンは、特殊相対性理論が予言したように寿命が伸びるため、地表で観察できるのだ。なお、ミューオンの寿命は、地表に到達したミューオンをアルミ板等で静止させて計測できる。

もしミューオンに目があったなら、地上のあらゆる現象の時間が伸びて観察されることだろう。このように逆の立場で見たときの相対性を実証するには、光速に近いロケットに乗り込む必要があって、まだ実現できそうにない。

ローレンツ収縮

特殊相対性理論では、二つの慣性系間で対応する距離を測ったとき、互いの距離が縮むことになる（英語ではcontraction⇔時間の伸びはdilation）。このことをデカルト座標系で確かめてみよう。

慣性系K'において、長さlの棒が静止しているとき、慣性系K上で$t=0$において写真を撮ると、この棒の長さxはlより短くなる。この現象をローレンツ収縮という。

ローレンツ収縮を理解するには、もう少しだけ斜交座標系に慣れておく必要がある。時空の1点が時間的に推移する軌跡のことを「世界線」と言う。世界線は、たとえると飛行機雲のようなものだが、物体が静止しながらも時間軸に沿って軌跡ができることに注意したい。

棒の左端を原点に一致させてx'軸上に置くと、棒の左端（$x'=0$）の世界線はct'軸と一致する（図5－13）。また、棒の右端（$x'=l$）の世界線はct'軸と平行になる。

現在（$t'=0$）の棒に対して、未来（$t'>0$）の棒は、図のように上へ平行移動する。同様にして、棒を過去（$t'<0$）に遡ると、下へ平行移動する。したがって棒の世界線は、棒上のすべての点が過去から未来まで掃く結果、帯状の領域になる。

さて、前に述べた「$t=0$において写真を撮る」ということは、この棒の世界線である帯をx軸で切ることになる。図では「帯の断面」の長さがxである。

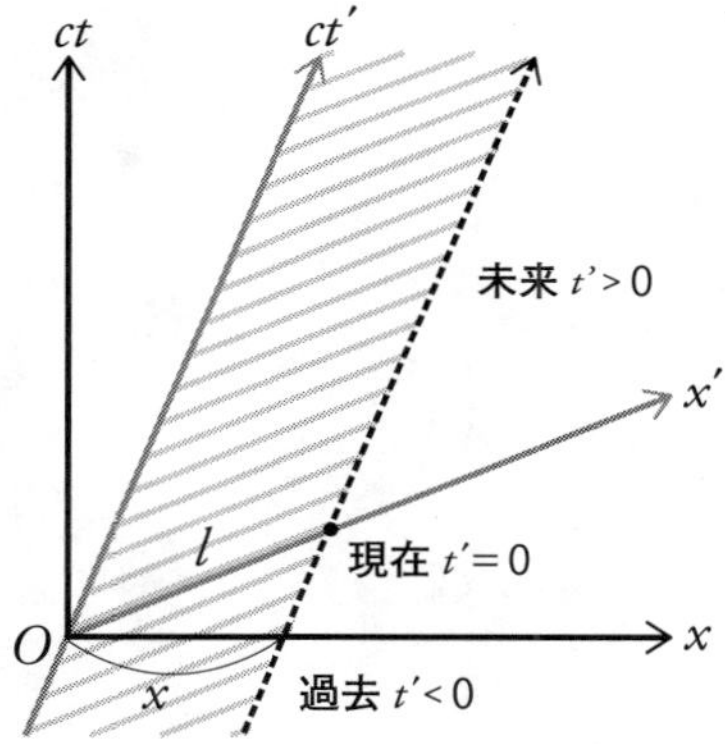

5－13　ローレンツ収縮

図でx軸上の点（l, 0）は、慣性系Kと慣性系K'の相対速度vがゼロのときの棒の右端であり、世界線の断面の右端（x, 0）より必ず右にあるから、$x<l$となって距離が縮むことが分かる。

また、特殊相対性原理によれば、距離が縮むという「違い方」は観測者が変わっても同等なので、距離は慣性系同士で「互いに」縮むことになる（図5－14）。

5－14　ローレンツ収縮の相対性　文献(18)より

ローレンツ収縮の変化

ローレンツ収縮の変化をグラフにすると、図5-15のようになる。横軸は慣性系間の相対速度と光速の比で、縦軸は観察される距離（収縮の割合）である。例えば、相対速度が光速の約85％の時、観察される距離は半分になる。このグラフから、実際に光速の何パーセント程度の速度が実現したら相対論の効果を感覚的に実感できるかが分かる。なお、この曲線の形は円周の1/4分となる。

図5-16は、私の自宅前の道路を写したものである。数字は、最高速度を示す路面標示だが、なぜこのように細長く書かれているのだろうか？　実際1つの数字の大きさは、0・5メートルの文字幅に対して5メートルの長さと決められている。この路面標示を定めた人はローレンツ収縮を考慮して、制限速度を守ると丁度よい長さに見えるようにしたのだろうか？

もちろんこれは冗談である。前図のグラフから分かるように、路面標示が半分くらいの長さに見えるスピードは、罰金では済まされないくらい速いのだ。

実際に車に乗ってこの路面標示を見れば、車が停まっていても丁度よい長さに見えるはずだ。錯視でよく用いられる手法だが、運転中に自然に前方を見たときの角度では、路面標示が縮んで見えるのである。

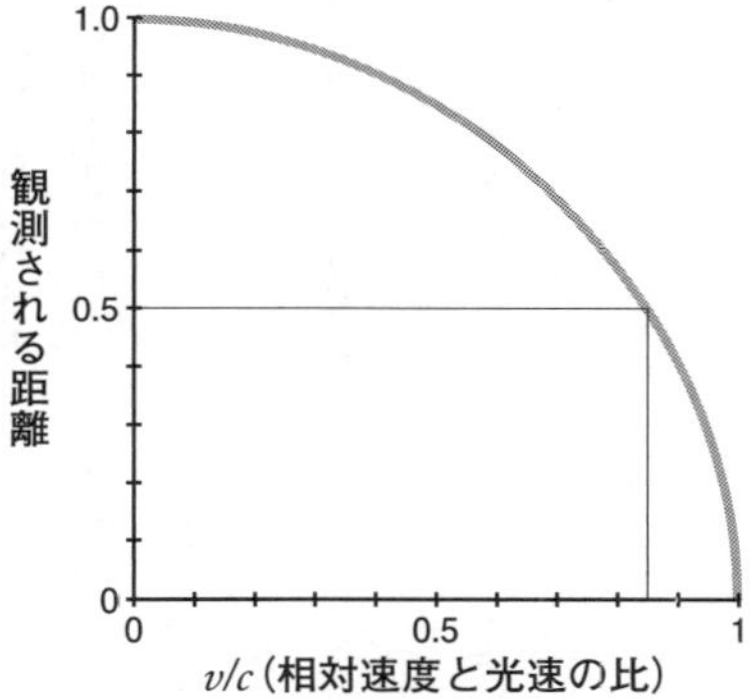

５－15　ローレンツ収縮の変化

５－16　路面表示の例（著者撮影）

ガレージのパラドックス

日常生活でローレンツ収縮を体験する機会はないので、常識に反するように思えてしまうものだ。ローレンツ収縮に関連した「ガレージのパラドックス」を次に考えてみよう。慣性系Kをガレージとして、慣性系K'を光速に近いスピードで走行する車とする。ガレージの入り口と奥の壁は開いていて、車が通りぬけられるとしよう（壁との衝突を含めて問題をややこしくする必要はない）。

慣性系Kから見ると、高速で走行する車はローレンツ収縮により縮むから余裕でガレージに入るように見える。一方慣性系K'からは、ガレージがローレンツ収縮により縮むため、車はガレージに到底入らないように見える。それぞれ実際に写真を撮って見比べれば、双方の違いがはっきりするだろう。つまり実際に車がガレージに収まるのか、という問題提起である。

この不合理は、一方に車、他方にガレージを配置して、この異なる物体1組だけで互いに比較するから生じる。つまり、問題設定そのものが相対論的ではないのだ。

ガレージと車を2組同じものを用意して、ガレージと車のセットをそれぞれ慣性系Kと慣性系K'とすれば、どちらのガレージから車を見ても（ガレージKから車K'、そしてガレージK'から車K）、完全に「お互い様」になる。また、車KはガレージKに入り、それを慣性系K'

から見ても、車がガレージに入ることに変わりはない。その逆も然りである。

前に、日本では光よりもさらに速いものがあると述べたが、それは「のぞみ」だ。「こだま、ひかり、のぞみ」というように、東海道新幹線は列車が大和言葉で命名されている。相対論に反するこの名前の採用には、果たしてどの程度の反対意見があったのだろうか。

★第5講　引用文献

（1）I・アシモフ（皆川義雄訳）『科学技術人名事典』p.75-76 共立出版（1971）
（2）ガリレオ・ガリレイ（青木靖三訳）『天文対話（上・下）』岩波文庫（1959, 1961）
（3）『天文対話（上）』p.217　（4）『天文対話（上）』p.221　（5）『天文対話（上）』p.221
（6）気象庁　http://www.jma.go.jp/jma/kishou/know/typhoon/1-2.html
（7）L. Figuier, *Les Nouvelles conquêtes de la Science, L'électricit*, p.29, Librairie Illustrée（1883）
（8）夏目漱石『行人（漱石全集　第五巻）』p.748 岩波書店（1966）
（9）才能教育研究会　http://kinenkan.suzukimethod.or.jp/exhibition.html
（10）アルベルト・アインシュタイン（中村誠太郎、五十嵐正敬訳）『自伝ノート』pp.36-37　東京図書（1978）
（11）『自伝ノート』pp.13-14
（12）C・ゼーリッヒ（広重徹訳）『アインシュタインの生涯』p.136 東京図書（1974）
（13）『自伝ノート』p.74-75
（14）G. Holton, "Einstein and the 'crucial' experiment", *American Journal of Physics* 37, p.969（1969）
（15）酒井邦嘉「いかに分かりやすく正確に伝えるか―必要なのは科学と人間への深い理解だ」, *Journalism* No. 291, pp.70-77（2014）

（16）アインシュタイン（内山龍雄訳）『相対性理論』pp.20-21 岩波文庫（1988）
（17）『自伝ノート』p.77
（18）酒井邦嘉監修『科学者の頭の中―その理論が生まれた瞬間』p.20 進研ゼミ高校講座、ベネッセコーポレーション（2007）

第6講　仕事とエネルギー

第5講では、ニュートンの第1法則（慣性の法則）が成り立つ慣性系が、物理法則の前にすべて同等であることを見てきた。第6講では、ニュートンの第2法則や第3法則の主役であった「力」が、「仕事」や「エネルギー」という考え方に発展していく過程に焦点を当てる。

いろいろなエネルギー

「エネルギーに満ちあふれた、仕事をする力のある人」と言うように、日常の言葉では、「エネルギー」と「力」がよく似た意味で使われる。両者を区別するなら、エネルギーは内に秘められた力で、力は外にも発揮される。一方、「仕事」という言葉は、外に現れる活動や任務・使命などを意味する。

現代物理の用語では、「仕事」と「エネルギー」の方が似ていて、「力」の方を区別する。

実際、力の単位はニュートン［N］で、仕事とエネルギーの単位は共にジュール［J］であり、それぞれの概念に貢献した科学者の名前が使われている。

物体が推進力を受けて運動するとき、その力のする「**仕事**（work）」は、推進力（運動方向の成分）と移動距離の積で定義される。また、**エネルギー**とは、仕事はもちろん、仕事に変わりうるもの、仕事が変化したものなどを合わせて総称した物理量である。要するに、仕事はエネルギーの一部なのだ。仕事以外のエネルギーとして、例えば「**熱**」がある。

物体の速さに直接関係するエネルギーを、**運動エネルギー**と呼ぶ。推進力のする仕事は「運動エネルギーの変化」を引き起こす。逆に風車や水車のように、運動エネルギーを仕事や動力に変えることもできるから、運動エネルギーと仕事は等価である。

静止した物体のエネルギー

静止した物体は仕事をしないので、エネルギーがゼロだと思えるかもしれない。しかし第4講で説明したように、慣性系では運動か静止かという絶対的な状態は区別できなかった。それならば、運動の状態が運動エネルギーの有無で区別されるのは不自然だ。静止する物体が持つエネルギーを**静止エネルギー**と見なして、運動エネルギーと静止エネルギーを統合するような式が必要である。それを初めて実現したのが相対論であった。静止エネルギーEは、質量mに光速cの2乗を掛けて、「$E=mc^2$」と表せることをアインシュタインが発見した。
つまり、静止エネルギーは質量（慣性質量）だけで決まる。このことを、**質量とエネルギーの等価則**と言う。この等価則とは、「質量とは何か？」と訊かれて、「物体が持つ静止エネルギーのことだ」と答えてよい、という意味である。ただし、「質量はなぜ存在するのか？」という質問に答えることはできない。

仕事は負の値をとりうる。それはブレーキをかけるときのように、仕事を受ければ受けるほど減速して運動エネルギーが減る場合だ。このとき、推進力は運動方向と逆を向いている。また、高いところから地上に落としたときの衝撃の大きさから分かるように、高いところにある物体の方が、低いところのものより大きな仕事をする。このように、物体の高さなどの「位置」によって決まるエネルギーを**位置エネルギー**と呼ぶ。位置エネルギーは基準をどの位置にとるかによって正にも負にもなりうる。以上のように、一般のエネルギーでは正と負の両方の値をとりうるということを覚えておこう。

運動の変化に関わるエネルギー

ここから原子核の話の前までは、古典力学の範囲でエネルギーを扱う。具体的なイメージが湧きやすいように、カーリングというスポーツで考えよう（図6-1）。競技に使われる

6－1　カーリングの石が滑るのは

のは花崗岩で作られた重い石（約20キログラム）だ。氷のリンクの表面には、試合前に霧状の水を撒くことで小さな氷の粒（ペブル）ができていて、石と接触する面積が減る分滑りやすくなっている。氷の表面をブラシで擦ると、さらに石が滑りやすくなるのは、剥がれたペブルがボールベアリング（ボール軸受け）の役割をするためだと考えられる。

石が手から離れた後の運動は慣性によるものなので、石はそのまま進行方向へ外力を受けずに直進するが、氷との摩擦によってしばらくすると止まる。石が手を離れてから止まるまでの間に起こる運動の変化には、主に次の3つのエネルギーが関わっている。ただし空気抵抗は除外しておこう。

①石が最初に持っていた運動エネルギー――正
②石が氷から受ける摩擦力（進行方向の逆）のする仕事――負
③氷が石から受ける摩擦力（進行方向）のする仕事――正

③は熱や音を発生したり、氷の表面を削ったりする仕事である。石について考えると、最後に止まるのは①と②のエネルギーが相殺したときである。②と③の摩擦力は作用と反作用の関係にあるので、②と③の和はゼロとなる。整理すると、次のようになる。

①＋②＝0、②＋③＝0より、①＝③

石が手を離れる最初の瞬間は①のエネルギーだけだが、最後には①がすべて③のエネルギーに変化して散逸することになる。

なお、石には鉛直方向に重力が働くが、氷からの垂直抗力と常につり合う。このとき、重力のする仕事、垂直抗力のする仕事は、どちらも最初からゼロであって、両者の仕事が相殺するのではないことに注意したい。

仕事をしない運動

それでは、垂直抗力のように、運動方向に対して常に垂直に働く力は、なぜ仕事をしないのだろうか。運動方向に垂直に働く力は、そもそも運動方向の成分を持たないので、その力のする「仕事」はその定義からしてゼロなのだ。

また、運動方向に垂直に働く力は、運動方向の「速さ（速度の大きさ）」を変えないので、運動エネルギーの変化が生じない。つまり、この力は仕事をしないことになる。同じことが等速の円運動にも当てはまる。向心力や遠心力は、運動方向を円軌道に沿って変えるだけで速さは変えず、仕事をしないのだ。

惑星の軌道が円であれば、運動エネルギーと位置エネルギーのどちらも変化しない。軌道が楕円であれば、運動エネルギーと位置エネルギーの間にやりとりが生ずるが、散逸はしない。このことが永遠の運動を保証している。

振り子の紐（張っていて伸びないものとする）の張力や垂直抗力のように、運動を制限するような抗《あらが》えない力のことを束縛力と言う。また、運動の軌道や面に対して常に垂直に働くような束縛力のことをなめらかな束縛と呼ぶ。振り子の紐の張力や垂直抗力は、確かに軌道に対して常に垂直に働くから、なめらかな束縛だ。なめらかな束縛による仕事は、たとえ移動したとしてもゼロである。仕事をしない（まだ就職していない）学生は、なめらかな束縛を学校から受けていると言えよう。

「エネルギー」という新しい考え方

エネルギーの語源は、ギリシャ語の **ergon**（仕事）であるが、物理学的に仕事をする能力という意味で「エネルギー」という用語を初めて使ったのはヤング（Thomas Young, 1773-1829）で、1807年頃のことだ[1]。当時は物理学者の間でも、力とエネルギーの区別がはっきりしていなかった。

また、運動エネルギーは、質量に速度の2乗を掛けたもの（mv^2）だと考えられていたが、正しくはこの値を2で割らないといけない。そのことを初めて明らかにしたのはヘルムホルツ（Hermann von Helmholtz, 1821-1894）であり（図6－2）、19世紀の半ばになってからのことだった。エネルギーという考え方は、物理の歴史の中でもかなり新しいものなのである。

6－2　ヘルムホルツ

ヘルムホルツはドイツの生理学者、物理学者であり、ダ・ヴィンチのように物理から芸術まで多くの分野に秀でた才能を発揮した。1851年には検眼鏡を発明して、眼底の検査が初めてできるようになった。東京大学医学部の眼科には、ヘルムホルツ検眼鏡の実物が保管されている。

さらに翌年、ヘルムホルツは神経の伝達速度を初めて測定して、神経科学の道を開いた。その後、聴覚の研究から音楽の研究へと向かい、その膨大な成果は1862年に出版された著作に記されている(2)。

ヘルムホルツは1847年の講演で、運動エネルギーと位置エネルギーの総和(**力学的エネルギーと呼ぶ**)が保たれるという「**エネルギー保存則**」を確立した。それと前後して、運動エネルギーが熱に変わりうることを**マイヤー**(Julius von Mayer, 1814-1878)が明確にし、力学的あるいは電気的エネルギーが熱に変わるという保存則を**ジュール**(James Joule, 1818-1889)が実証している。エネルギーという考え方は、こうして物理の表舞台に現れたのだ。

エネルギーの保存則

高い位置にある物体には、それだけ大きな仕事をする可能性があり、実際には仕事をしなくとも、潜在的な位置エネルギーを持つと考える。高い山は、位置エネルギーも高いのだ。「なぜ山に登るのか」と問われたなら、「大きな仕事をしたいから」と答えよう。

力のする仕事が、始点と終点の位置エネルギー変化だけで決まるとき、その力を**保存力**という。保存力のする仕事は、始点と終点だけで決まるので、その間の途中経路にはよらないし、その過程は一切問わない（図6-3）。たとえ途中で道に迷っても、「終わりよければすべてよし」ということだ。

位置エネルギーにかかわる保存則は、次のようにまとめられる。

「保存力のする仕事」とは、位置エネルギーが転化した仕事を指す。逆に外から保存力に抗するような仕事を与えると（例えば重い物を持ち上げる場合）、仕事をすべて位置エネルギーに転化できる。

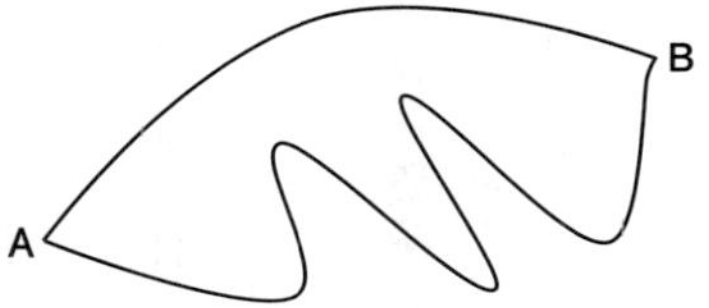

6－3　保存力の仕事は経路によらない

「場」とポテンシャル

物体の物理量あたりの位置エネルギーを、**ポテンシャル**（potential）と呼ぶ。重力が働く場合は、物体の質量あたりの位置エネルギーが「重力ポテンシャル」である。**電荷**（電気の元となる物理量）に作用する力を**電磁力**（電磁気力）と言うが、電磁力が働く場合は、物体の電荷あたりの位置エネルギーが「静電ポテンシャル」である。

また、ポテンシャルが存在する範囲の空間のことを、特に「場」という。ポテンシャルという言葉が日常的な使い方では「潜在性」と訳されるように、ポテンシャルが存在する「場」という空間は、その位置に応じた「潜在的な」エネルギーを蓄えていると考えるのだ。

重力ポテンシャルが分布する空間のことを**重力場**と言う。重力場に物体が置かれると、その物体の質量に比例した位置エネルギーが生じるのである。ニュートンの万有引力の法則によれば、重力は、重力の源からの距離の2乗に逆比例して弱くなる（第4講）。一方、重力の源から離れるほど位置エネルギーが高いから、重力ポテンシャルも大きくなる。

原子核の質量欠損

質量とエネルギーの等価則は、原子核の研究でよく実証されている。1913年にボーアが提唱した原子模型によれば、原子は、**原子核**と電子からできている（図6－4）。電子は負の電荷をもつが、原子核には、正の電荷をもつ**陽子**（プロトン）と、電荷を持たない中性的（neutral）な**中性子**（ニュートロン）がある。原子によって陽子と中性子の数が違うが、この両者を区別せずに**核子**とも呼ばれる。

原子は電子と陽子が同数で、全体の電荷がゼロとなるのが基本的な状態であり、電子を失ったり受け取ったりして電荷を持つようになった原子は、**イオン**と呼ばれる。

電子は原子核の周りを回っているのだが、その軌道は自由ではない。電子が持つエネルギーのレベルが「**エネルギー準位**」として決まっており、電子が一定のエネルギーを吸収したり放射したりすることによって、他の軌道に飛び移ることができる。なお、電子自体は「**スピン**」と呼ばれる2つの状態を持っていて、1つの軌道には状態の異なる2個の電子が入れることが後に分かった。

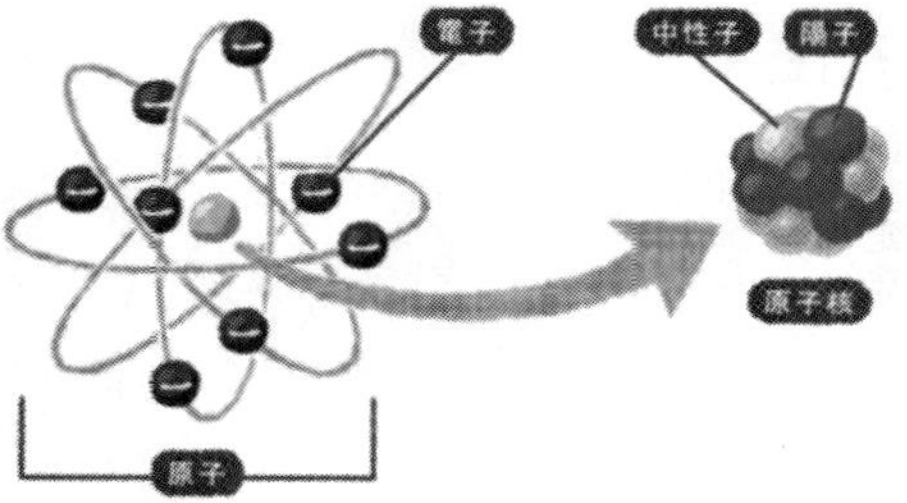

6－4　原子模型　文献(3)より

2013年には、ボーアの原子模型の百周年を記念して、デンマークのメーカーとニールス・ボーア研究所が図6-5のようなモビールをデザインした。一つの軌道には確かに電子が2個入っていて、外側に行くほどエネルギー準位が高くなる。円弧のすき間は、電子の位置の不確定性を表しているらしい。

原子核の質量は、核子のそれぞれの質量を足し合わせたものよりも常に軽い。この質量差のことを**質量欠損**と呼ぶ。では、なぜこの質量欠損が生じるのだろうか。

原子核は、外から大きなエネルギーを加えることで、個々

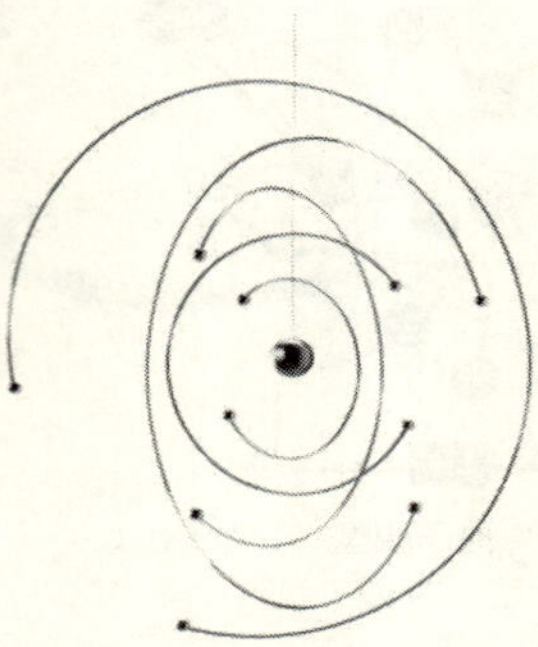

6－5　原子模型のモビール
FLENSTED MOBILER ApS（著者所蔵）

の核子にまで分裂させられる。逆に、バラバラの核子が結びついて原子核を作ると、安定した状態になって電磁波（ガンマ線）の形でエネルギーを放出する。核子の結合を壊すために必要なエネルギーと、核子の結合に伴って放出されるエネルギーは等しく、**結合エネルギー**と呼ばれる。

質量とエネルギーの等価則より、質量欠損は結合エネルギーと等価だと分かった。つまり、バラバラの核子を原子核として固めると、質量が軽くなった分だけエネルギーが生まれる。たとえて言えば、カップルが一家を構えることで、それぞれ独立して生計を立てていたときの経費（例えば家賃や光熱費）が減ることで、暮らしが安定するようなものだ。

なお、核子1個あたりの平均的な結合エネルギーは、原子核を構成する核子の数が多くなるにつれて増えていき、核子が56個の鉄原子（Fe）より大きな原子核になると今度は徐々に減っていく。つまり、原子核として安定した強いスクラムを組みやすいのが56個くらいということだ。核子が少なければ、比較的小さなエネルギーでバラバラにしやすく、逆に核子が多くなりすぎると不安定になって、小さな原子核に分裂しやすくなる。「過ぎたるは及ばざるがごとし」は、極微の世界でも通用するらしい。

逆に原子核が結合して、別の原子核に変化することもある。原子核の分裂や結合といった反応は、私たちの身近なところにもある。原子核が合わさる核融合は太陽の活動そのものであり、原子核が分かれる核分裂の反応は原子力発電に応用されている。核融合にせよ核分裂にせよ、反応の後に全体の結合エネルギーが大きくなって安定するなら、反応前との差にあたるエネルギーが放出されることになる。

人間が作る集団も、集まる目的に合わせて適切なサイズというものがありそうだ。人が少なければ、ちょっとした行き違いでバラバラになりやすく、逆に人が多くなりすぎると、より小さな集団に分裂しやすくなる。安定した数に達したサークルは、その後毎年メンバーの多少の入れ替えがあっても、その数を維持できると言われている。

例えば水素（H_2）と酸素（O_2）から水（H_2O）ができるような化学反応では、$2H_2+O_2 \rightarrow 2H_2O$ のように、原子が消えてなくなることはないので、**物質保存の法則**（物質不滅の法則）が成り立つ。しかし、原子核反応のように、物質（原子の種類）そのものが変わってしまう現象も起こるため、物質保存の法則には限界がある。また、**質量保存の法則**も、質量欠損などにより成り立たないことがある。そこで、これらの法則は、より根本的で普遍的な「エネ

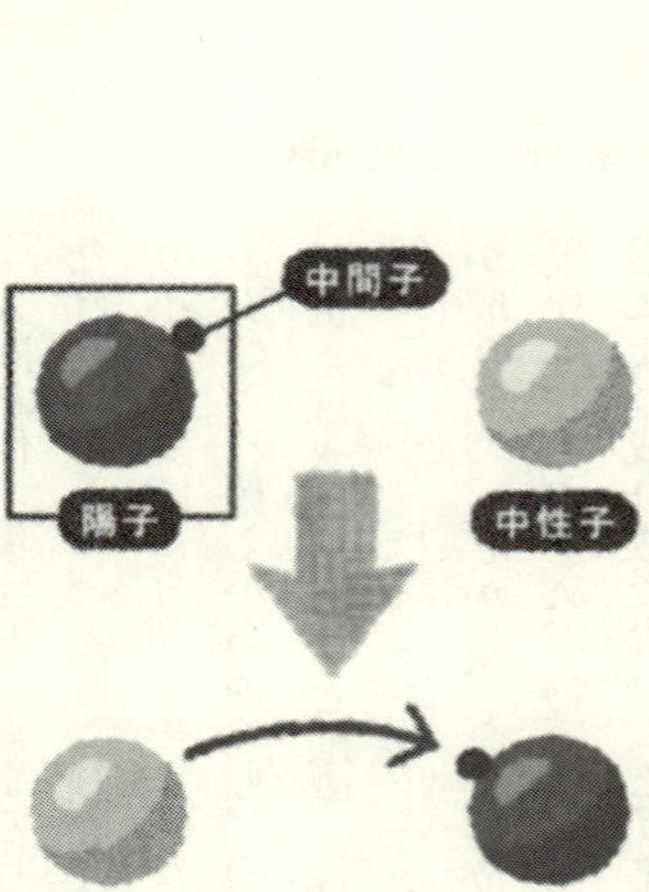

6－6　核子と中間子　文献(4)より

ルギー保存則」に置き換える必要がある。

「中間子」の予言と発見

原子核の核子を結びつけているのは、重力でも電磁力でもなく、**核力**、または**強い相互作用**である。核力は、特定の粒子をやり取りすることで働くと考えて、**「交換力」**と呼ばれる。陽子や中性子の間に核力が働くことで核子同士が結びついているわけだが、この「核力の場」を媒介する粒子が、**「中間子**（メソン）」である。

図6-6のように、陽子は正の電荷を持つ中間子を放出して、中性子に変わる。一方、中性子はこの中間子を受け取って陽子に変わる。この中間子の交換によって力が働くと考えるので、核力は「中間子交換力」とも呼ばれる。

中間子の存在は、1934年に**湯川秀樹**（1907-1981）が理論的に予言したものだが、当時はボーアを含めて、新たな粒子の導入に否定的な物理学者が多かった。核子間で中間子を交換するというアイディアは、それだけ大胆で画期的な着想だったのである。

中間子の質量は、理論的に電子の200倍程度だと予想された。そして1947年になって、宇宙線の観測でその予言通りのπ中間子が発見されたのである。

中間子の理論を発表した前年には、湯川家に長男が誕生していた。家族で川の字になって寝ていたら、中間に子どもがいたので「中間子」を思いついた、という珍説を聞いたことがある。

★第6講　引用文献

（1）I・アシモフ（皆川義雄訳）『科学技術人名事典』pp.192-194 共立出版（1971）

（2）Hermann Helmholtz (Translation by A. J. Ellis), *On the Sensations of Tone as a Physiological Basis for the Theory of Music*, Dover (1954)

（3）酒井邦嘉監修『科学者の頭の中―その理論が生まれた瞬間―』p.24 進研ゼミ高校講座、ベネッセコーポレーション（2007）

（4）『科学者の頭の中―その理論が生まれた瞬間―』p.27

第7講　慣性力の再検討

ニュートン力学の出発点では、「加えられた力に対する抵抗力」として慣性力（慣性抵抗とも言う）が定義された（第4講）。第7講は、この慣性力という基礎的な考え方を再び取り上げる。高校では、慣性力について「見かけの力」だと教えられる。「見かけの力」であるはずの慣性力が、なぜ電車の発車時のようにリアルな力として感じられるのだろうか。実際のところ慣性力は、ニュートンからマッハを経て、アインシュタインまでも悩ませた、奥の深い概念だったのだ。

身近な「慣性力」

慣性力は日常的に体験できる力学の現象だ。電車やバスなどに乗れば、加速に伴って前後に力を受けるし、カーブでは左右に力を受ける。エレベーターに乗れば、上下に力を受ける。こうした慣性力は、等速度運動を保とうとする物体固有の「抵抗力」であり、加速の向きに

7－1　自転車に乗るアインシュタイン
文献(1)より

対して常に反対方向に働く。

「遠心力」は回転運動に伴う慣性力であり、カーブの内側に曲がろうとする加速度運動に抗して外向きに働く。例えば、カーブする自動車は車体が外側にロールするし、ドライバーの体も車内で外側に引かれる。

ところが、自転車でカーブを曲がる原理は車と異なり、車のようにハンドルを先に切って曲がるのではない。極端にスピードが遅い場合を除けば、無理に自転車のハンドルを切ろうとすると、車体が反対方向に振れて不安定になってしまう。

自転車から降りて、手でサドルを前方に押してみると分かるように、車体を傾けた状態（バンクと言う）では、傾けた側にハンドル（ステアリング）が自然と回って行く。これがセルフステアリング（セルフステアア）と呼ばれる現象である。要するに、「車体を傾けて曲がる」ということなのだ。また、車体と共に体をカーブの内側に傾けることで（図7－1）、体の軸が重力と遠心力を合わせた「合力」の方向（両者の対角線方向——写真に書き込んでみよう）と一致する。そのため、安定してカーブを曲がることができる。

カーブ内ではペダルを止め、内側のペダルを上げて地面との接触を避けながら、外側のペダルに荷重をかけるのが、高速で走るロードバイクの基本フォームとなる。さらに体勢を変えることで、体を自転車よりも傾けたフォーム（リーンイン）でタイヤをスリップさせずにスピードを上げたり、逆に体を自転車より立てたフォーム（リーンアウト）でコンパクトに曲がったりできる。しかしどちらの場合も、体の重心と、自転車の接地点を結んだ方向は、運動で生じる遠心力と重力の合力の方向に一致する（そうしないと姿勢が安定しない）。

7－2　スイッチピッチ　URL(2)より

自分で運動することなく体で慣性力を味わうには、遊園地に行くとよい。大型の遊園地は、さながら「慣性力のテーマパーク」である。ジェットコースターはその典型で、日本には最大加速度が$6g$（重力加速度gの6倍という意味で、グラムではない）というものまである。他にも遠心力やコリオリの力（第5講）の実験ができるようなアトラクションがある。

慣性力は、遊具にも利用されている。ホバーマン社

(Hoberman Designs, Inc.)のスイッチピッチ(switch pitch)というボールは、回転させたり投げ上げたりして、ボールに加速度を与えると、外側と内側が入れ替わって色が変わる(図7-2)。ホバーマン・スフィア(mini sphere)も同様で、イガ栗状の物にスピンを与えると、畳み込まれた部分が外に開いて大きな球になる。慣性力がどのように作用しているか調べてみると面白い。

「見かけの力」としての慣性力

第5講の冒頭で説明した石の落下について、船が加速する場合を考えよう。船が一定の加速度 a(acceleration の頭文字)で動き始める直前に、マストから石(図ではリンゴ)を初速ゼロで落とす。海上から見ると、石は真下に一定の重力加速度 g で落下するだけだ(図7-3上)。

一方、船上から見ると、質量 m の石には $-a$ の加速度がさらに加わるため、「慣性力」が後ろ向きに働く。石は、重力 mg と慣性力 $-ma$ を合わせた合力の方向、つまり a/g の角度で斜め後方に落ちていく(図7-3下)。

加速度を持つような一般の座標系(非慣性系)を、「加速系」という。この「加速中の船上から見る」という視点の変更が、加速系への座標変換になっている。石に慣性力が働くといっても、船から作用を受けたわけではないので、石から船への反作用もない。

慣性力は「見かけの力」であって、実在の力（本来の力）ではないと言われる。ただし、「見かけの力」だから無視してよいということではない。『物理学辞典』から、「慣性力」の項目の冒頭を引用しよう。

「加速度aで運動をする座標系（非慣性系）から見ると、静止している物体は加速度$-a$で動くように見える。ここで物体は何も力が働かないのに加速度を生じるので、運動の法則が成り立たなくなる。そこでこの加速度を生じる力を仮定し、これを慣性力という。慣性力は他の物体との相互作用で生じた力ではないので、慣性力を及

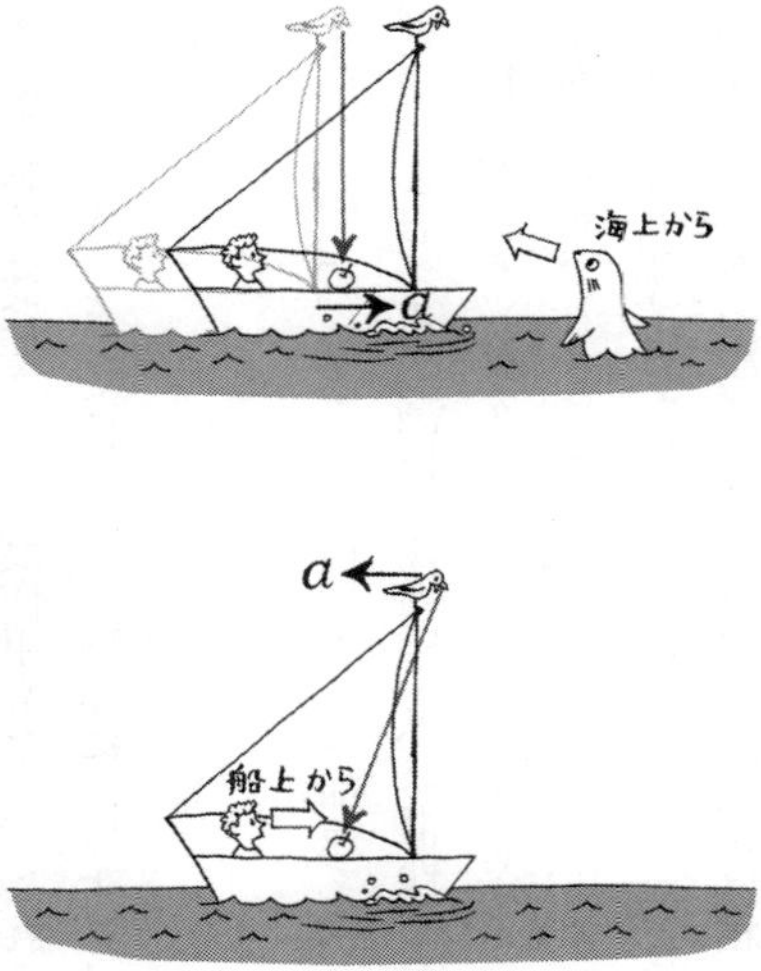

7−3　加速系の場合

ぼす他の物体はなく、また反作用もない。これはニュートン力学の立場では、座標変換に伴って導入するべきもので、物体に作用する現実の外力と区別して、見かけの力ともよばれる。(3)」

この明快な説明からすれば、慣性力とは加速系への座標変換に伴って便宜上導入されるものに過ぎないと思える。高校の物理でも、「慣性力を導入すれば問題が簡単に解ける」という程度の扱いだろう。確かに先ほどの問題で、海上から見たときは、2つの物体(石と船)の移動距離をそれぞれ求める必要があるが、船上から見たときは、1つの物体(石)に対し重力と慣性力を合成するだけで同じ結果が得られて簡単になる。

ところが、これから説明するように、加速系は相対論に対して深刻な問題を投げかけることになったのである。

加速系は相対的ではない?

加速度が速度と同様、相対的に測れることは確かである。例えば、列車が駅で停車しているとき、隣の線路にも反対方向に向かう列車が停車していたとしよう。窓越しに見えるその列車が動き出したとき、自分の乗っている列車が発車したと錯覚することがあるだろう。それならば、加速系にも相対性原理が成り立つと考えてよいだろうか。

慣性系である線路に対して、電車Aが加速度aで進行方向に加速中だとする（図7－4）。ホームに停車中の電車Bは慣性系であり、電車Aは加速系だ。電車Aの車内に立つ乗客には、後ろ向きに慣性力が働いて、体が後方に倒れそうになる。電車Bから見れば、電車Aの乗客は、慣性の法則で同じ場所にとどまろうとするのに対して、足だけが電車に引きずられた結果ということになる。

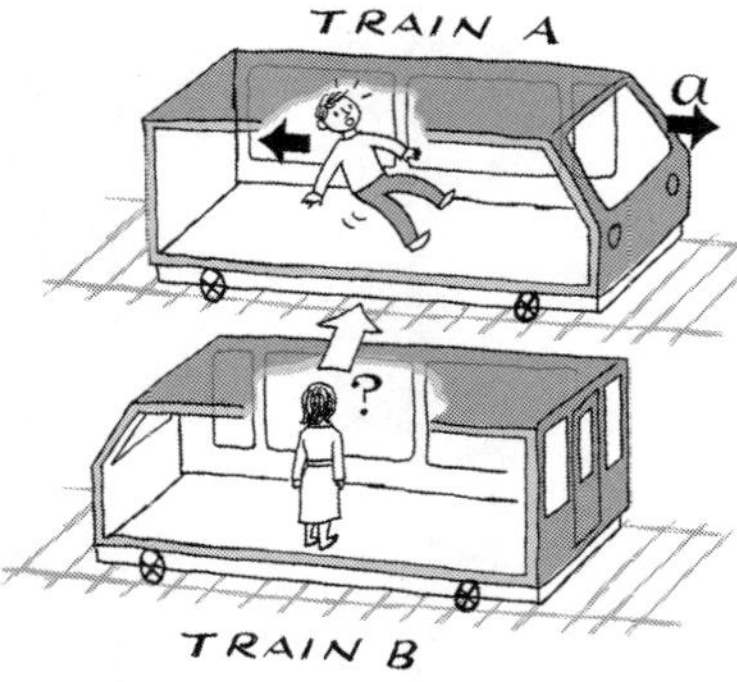

7－4　加速する電車

問題となるのは、電車Aから電車Bを見た場合である。電車Aから見た電車Bの加速度は、相対的に$-a$である。相対性が成り立つならば、AからBを見た様子は、逆にBからAを見た様子と同等でなくてはならない（第5講）。つまり、電車Aが「慣性系」で、電車Bは「加速系」となるはずだが、慣性力によってそのことを裏付けるのは難しい。電車Aからは電車Bが加速しているように見えても、電車Bの乗客が後方に倒れそうになることはない（電車Aと乗客Bをロープで結べば話は別だが）。

つまり、慣性力が生じるのは慣性系ではなく、あくまで加速系なのだ。「慣性」という言葉が一見紛らわしいようだが、加速する電車やエレベーターに乗っていて慣性力を体感した経験を思い出せばよい。

ニュートン力学では、電車Aのように慣性力が生じる系を真の加速系と見なして、互いに相対的な慣性系とは厳密に区別する。つまり、「加速系は絶対的であり、相対的ではない」と仮定して、「加速系ではお互い様にならない」とあっさり認めてしまうのだ。

しかしアインシュタインは、加速系でも相対性を捨てることなく、全く新しい解決策を提示した。その驚くべき考え方を説明する前に、ニュートン力学でどこまで矛盾なく進めるか見ておこう。

なぜ「見かけの力」を体感できるのか

そもそも「見かけの力」であるはずの慣性力を、なぜ体感できるのだろうか。加速中や減速中の電車の乗客が慣性力を体感するには、乗客が体のどこかで電車と接触している必要がある。体が接触していると、引かれたり圧迫されたりする感覚が生じるのだ。

慣性力が「慣性の法則」として体感される場合もある。例えば自転車で急ブレーキをかけて減速する（後ろ向きに加速度を加える）と、体には前方に強い慣性力が働いて、法則通りに前に投げ出される。ロードバイクでは、平地であれば時速30キロメートルを出すこともたやすいが、その速さで急ブレーキをかけると大怪我をするだろう。走行速度に合わせて、素早く安全に停まれるブレーキのかけ方や、重心をできるだけ後方に移す方法を体得しておく必要がある。一般の自転車であっても、乗るときには必ずヘルメットを着用して、大切な「脳」を守ろう。

電車やバスの場合、経験の浅い運転手は急発進と急停車をしがちなので、体感される慣性力が大きくなる。熟練者は、加速度を小さく保つように小まめに加減しながら運転していることが分かる。他人の運転する車に乗ると、その人の隠れた性格が分かると言われるが、アクセルやブレーキの踏み方にも関係するのだろう。ちなみに、アクセルを踏みながらハンドルを切ると、遠心力のために車が制御しにくくなる。アクセルを踏まずにハンドルを回すのが基本だから覚えておこう。

さて、我々が床や地面に立った時に意識される「体重」という感覚は、床が足を押す力、すなわち「垂直抗力」の大きさに最も左右される。この垂直抗力は足が床を押す力の反作用であり、体全体にかかる重力と等しい（第4講の「力のつり合い」を参照）。

次にエレベーターで考えよう。上昇し始めたエレベーター内では、加速度 a でせり上がって来る床が、足を押しつける。体は慣性の法則で同じ場所にとどまろうとすることを思い出そう。そのため、床が質量mの体を押す力maは上向きに働く。この垂直抗力が増した分だけ、体重が増えたと感じられる。これが下向きの慣性力を体感できる理由である。

エレベーターの上階への到着時や、逆に下降し始めた時は、以上の説明がすべて逆となる。日本の法令によれば、エレベーターの制動装置の上限加速度は垂直方向に$1g$である。エレベーター内に小型の体重計を持ち込めば、体重と慣性力を合わせた重量が簡単に計れるから、体重が気になる人は試してみるとよい。グッドニュースとバッドニュースの両方が待っているはずだ。

なぜ宇宙船の内外は「無重力」なのか

宇宙時代を迎えて、テレビで「宇宙遊泳」の様子を観る機会が増えた（図7-5）。それでは、なぜ宇宙船の内外は「無重力（無重量状態）」なのだろうか。宇宙空間を飛んでいるのだから、それは当たり前だろうか？

例えば、ISS（国際宇宙ステーション）の地上高度は、高々278～460キロメートルである。その高度では、地上重力が92～87％もあるのだ。ちなみに、旅客機の飛行高度は約1万メートル、つまり10キロメートル程度である。これよりさらに高度を上げると空気が薄くなるため、ジェットエンジンの燃焼が起きにくくなってしまう。

重力が1割程度減ったくらいでは無重力と言えない。それでは、なぜ大気圏外（約100キロメートル以上）に出たロケットに乗っている宇宙飛行士たちは、船内で「宇宙遊泳」ができるのだろうか。

ロケットは、例えば月に行く場合でも、地球の自転と同じ東向きに飛んで燃料を節約し、いったんは地球の周回軌道に入る。そのため、宇宙飛行士たちに働く重力は遠心力とつり合って、打ち上げ後8分ほどで「無重力」となるのである。

7－5　珍しい命綱なしの宇宙遊泳
URL(4)より

リアルな無重力を体験するためには、地球や太陽の重力圏から十分離れなければいけないが、それほど遠くまで行くのは現実的でない。ちなみに宇宙飛行士の訓練では、重力を打ち消すために慣性力が使われる。訓練用の飛行機に訓練生たちを乗せ、急上昇中にエンジンを止める。すると飛行機は、ボールを投げ上げたときと同じように、そのまましばらく上昇して最高高度に達すると落下し始める。このエンジンを止めている約20秒の間、訓練生たちに働く重力は慣性力（重力と反対向きで、ほぼ同じ大きさ）とつり合って、「微小重力状態」となる。[5] 飛行機が落ちてきて、エンジンを止めたときと同じ高さに戻ったら、再びエンジンをかける。完全な「無重力」にならない理由は、機体に空気抵抗が働くためである。

ISSの場合は、時速2万8000キロメートル（秒速7・7キロメートル）もの高速で地球の周りを等速で円運動している。地球の円周は約4万キロメートルなので、地表近くを飛ぶISSが地球を一周するのに1時間半程度しかかからない。ISSの高度と速度で生じる遠心力が、その高度で働く地球の重力とちょうどつり合うことで、長期間にわたる「無重力」が実現されている。宇宙遊泳中の宇宙飛行士は優雅に「浮遊」しているように見えるかもしれないが、地上から見れば弾丸を超える速さで飛び続けているのだ。

円軌道が重力によって生じるというニュートンの思考実験（第4講）を思い出そう。大気圏外にあって空気抵抗の影響を受けない人工衛星やISSは、軌道修正用の動力以外は使わずに、月と同じように重力だけで地球の周りを回っている。

気象衛星「ひまわり」のように、地球から常に同じ位置に見える「静止衛星」は、地球の自転と同じ角速度（時間変化あたりの回転角の変化）で円運動しなくてはならない。衛星の高度と角速度で生じる遠心力が、その高度で働く地球の重力とちょうどつり合うとき、衛星は一定の高度を保っていられる。すなわち、静止衛星の地上高度は3万5786キロメートルと決まっているのだ。これはＩＳＳの百倍もの高さだから、とても遠い「島流し」である。

衛星や貨物、そして宇宙飛行士たちを、そうした必要な高度と速度に達するように送り込むのが、ロケットの仕事だ。ロケットもジェット機と同様、燃料を燃やしてガスを噴射する「作用」に対して、その「反作用」を利用して飛ぶのである。誤解されがちだが、ジェット機は空気を後方に押すことで推進するわけではない。

なお、ジェットエンジンは空気を取り込んで燃料を燃やすが、ロケットエンジンでは、酸素を発生させる酸化剤によって空気がなくても燃焼が起こるようになっている。

ニュートンの「バケツ」

絶対運動の探究を続けていたニュートンは、遠心力について深い関心を持った。それは、遠心力などの慣性力の存在が、絶対運動の確かな証拠になると考えたためだった。

ニュートンは、『自然哲学の数学的原理』の「注釈」の中で、次のような「バケツ」の実験を紹介している。(6) 水を入れたバケツを十分長い紐でつり下げ、紐をよくねじって放すと、バケツは回転する（図7－6）。このとき、回転の速さが一定であるとしよう。最初は水面が平らであり、慣性のために水はほとんど回転しない。このことは、水を入れて、何か目印となる物を浮かばせた茶碗を回すことで、簡単に確かめられる。

ところが水には粘性があるため、回転するバケツの壁（以下、「壁」と略す）との間に摩擦が生じる。そのため、水は次第に壁に引きずられながら回転を始める。つまり、水と壁の相対運動は、次第に小さくなってゼロに近づいていく。すると回転する水に遠心力が生じるため、水は内側から外側へと引き寄せられ、水面が凹むようになる（図7-6）。

水に働く遠心力は、水と壁の相対運動が小さいほど大きくなるから、水と壁の相対運動が原因ではない。つまり、水面が凹むことから、円運動という「絶対運動」が分かるはずだ。これが、本講の最初のところで「加速系は絶対的であり、相対的ではない」と仮定された根拠である。第4講で説明したが、ニュートンは「加速度を持つ絶対運動を特別扱いする」という明確な意図を持って、運動の法則を導いたのだった。

7－6　ニュートンのバケツ

慣性力は、慣性系に対して加速度運動する系（加速系）でのみ現れる。言い換えれば、慣性力が生じなければ慣性系、生じれば加速系（非慣性系）ということになる。つまり、慣性力の生じる加速系は「絶対的な運動がある」とするならば、慣性力の生じない慣性系は「絶対的な運動がない」、すなわち「絶対的な不動」ということになる。したがって、「絶対的な不動の空間の存在」をも認めなくてはならない。これがニュートン力学の論理であった。しかしそこには、重大な難点が含まれていたのである。

マッハによるニュートン力学の批判

マッハ（Ernst Mach, 1838-1916）は、物理学史上もっとも良く知られた懐疑論者だった。マッハは、「絶対的な慣性系」の存在が何ら実証されていない、というニュートン力学の不備を突いた。マッハによれば、加速度運動を含めすべての運動は相対的で、不動の慣性系は存在しない。

さらにマッハは、遠心力が絶対運動で生じるのではなく、他のすべての天体に対する相対的な回転運動によって生じるという可能性を指摘した。その議論は、ニュートンの「バケツ」の議論を踏まえて、次のような奇想天外な「思考実験」に基づいていた。(7)

1　バケツと水が静止していて、地球や他のすべての天体を相対的に回転させたなら、遠心力が生じて水面が凹むだろうか。

2　バケツと水が共に回転するとき、バケツの壁を何十マイルも厚くしていって、ついにはすべての天体を壁に含めて回したなら、水面は凹んだままだろうか。

マッハは、1の実験にイエス、2の実験にノーと言いたかったのかもしれないが、曖昧模糊とした記述しか残していない。[8] しかも、実験のスケールがあまりに壮大すぎて実証のしょうがなかった。ただ、ニュートン力学に内在する問題が浮き彫りになったことは確かである。

アインシュタインの等価原理

アインシュタイン（図7-7）は、特殊相対性理論（1905年）を発表してから、相対論を「特殊」な慣性系から「一般」の加速系へと拡張させる研究を着々と開始していた。しかしそれは、まだ誰一人として試みたことのない茨の道だった。

ここで、「一様な重力場」という考え方が最初のヒントとなる。一様な重力場とは、広い野原のようにどこでも見渡す限り、下向きに一定の加速度gが働く空間のことである。図7-8左のように慣性系を考えて、下に地面（重力の源）を仮定し、上向きにz軸をとる。質量（慣性質量）mの物体には、一様な重力$-mg$が下向きに働く。

次に、空間的に一定の加速度を持つ運動、すなわち「一様な加速度運動」を考えよう。ここでさらに「**慣性力の場**」という新たな考え方が導入される。z軸の方向に加速度gで運動するような一様な加速系があれば（図７‐８右）、質量（慣性質量）mの物体に働く慣性力$-mg$が、周りに一様な力の場を作ると考える。

すると、前者の重力の働く慣性系と、後者の慣性力の働く加速系とでは、観測される物理現象が完全に同じである。それならば、両者は全く区別できないのではないか、とアインシュタインは考えた。慣性系と加速系が本質的に区別できないならば、ニュートンのように加速系を「絶対的」と見なすことは、誤りだということになる。

７－７　京都知恩院のアインシュタイン（当時43歳）濵本浩氏撮影、佐々木倫子氏提供

このような直截で大胆な思考に基づいて、アインシュタインは次のような着想を１９０７年の論文で初めて明らかにした。

「以下では、重力場と、対応する座標系の加速度の、完全なる物理的な等価性を仮定することにしよう。この仮定は、座標系の一様に加速された並進運動の場合に、相対性原理を拡張する。[9]」

この着想は、後に「**等価原理**」と呼ばれるようになり、相対論の一般化に最も重要な貢献を果たすことになる。１９０７年の段階で、アインシュタインはそのことをすでに予見していたのだ。等価原理についてアインシュタインは、「私の生涯で最も素晴らしい考え」と述べている。[10]

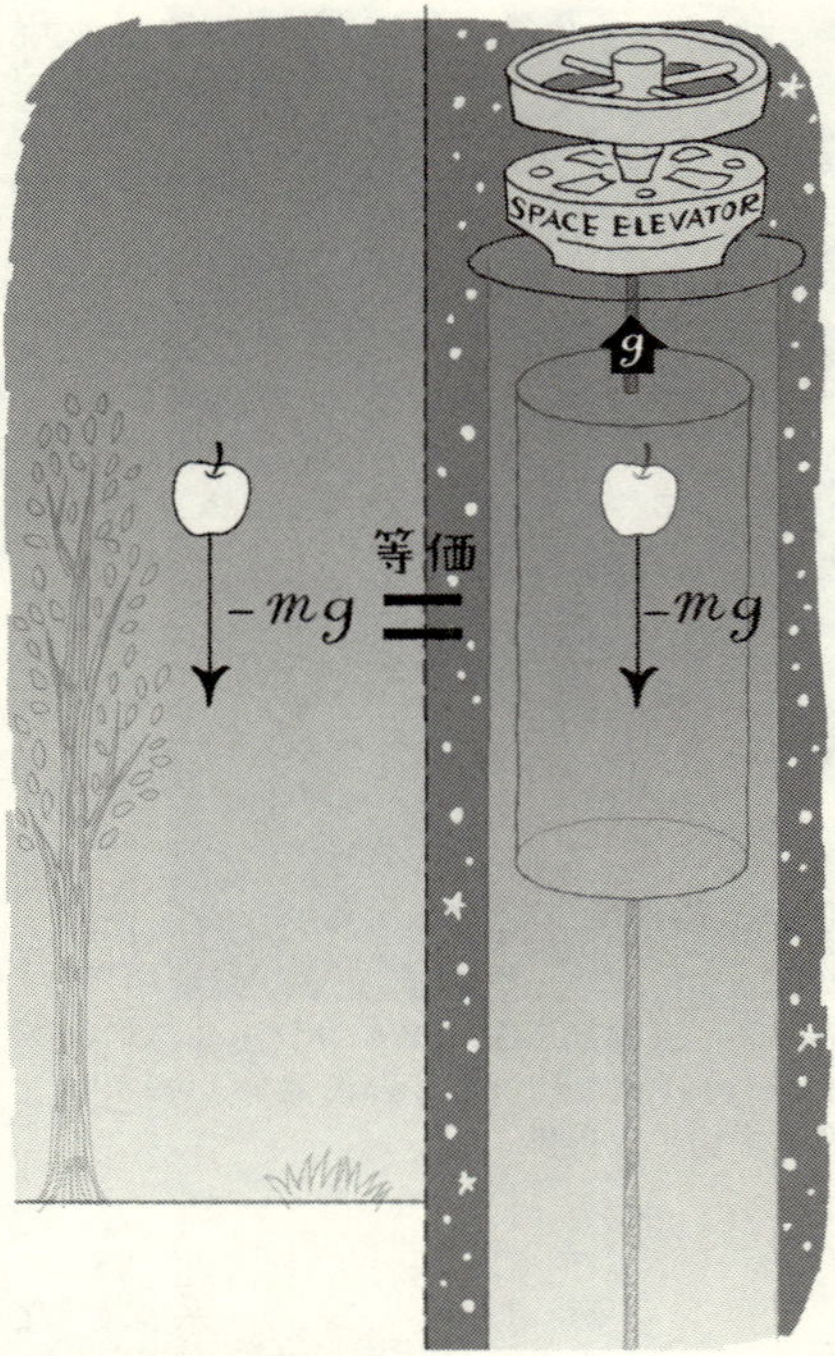

7－8　等価原理とは

等価原理とは、次のような命題である。

「一様な加速度運動による慣性力の場」と「空間的に一様な重力場」は等価である。等価原理を平たく言うと、慣性力を「実在の重力」と見なしてよいということである。

慣性質量と重力質量の等価性

狭義の等価原理は、「慣性質量と重力質量は厳密に等しい」と表され、元の等価原理から直ちに証明できる。まず、「慣性質量×加速度＝重力質量×重力加速度」というニュートン力学の関係（第4講）を思い出そう。元の等価原理から、「加速度＝重力加速度」が保証される。そうすると、「慣性質量＝重力質量」が示されるのだ。光の速度が地球の公転運動に左右されないという「マイケルソン-モーリーの実験」の結果が、アインシュタインの思考に影響を与えることがなかったように（第5講）、「エトヴェシュらの実験」（第4講）もまた、等価原理の前提になったわけではなかったのである。

さらに、「重力で生じる加速度は物体によらず一定である」ということが直ちに証明される。地上の場所を限れば、近似的に一様な重力場と考えてよい。等価原理により、その場は一様な加速度運動による慣性力の場と同じである。つまり、すべての物体は一定の加速度 g の運動をすることになる。このことから、物体の落下の時間が重量によらないという「落下の法則」も示される(第5講)。

第2講を思い出してみると、「重い物には大きな重力が働くだろう。もし空気抵抗がないなら、重い物ほど大きな重力に引かれて落下速度が速くなるのではないだろうか?」という問題があった。重力は確かに重力質量に比例するが、どの物体も一定の加速度 g で落下するのが正しい。

等価原理によって、「見かけの力」という言い方はもはや意味を失った。今まで「見かけの力」として扱っていた慣性力は、一様な場として働く重力と本質的に区別ができないからだ。等価原理は第2講で説明した「原理」であり、あらゆる運動法則の基本となる考え方なのである。

アインシュタインのエレベーター

エレベーターで慣性力を体感できる理由を述べたが、等価原理を考えれば瞬時に説明が終わる。上昇し始めたエレベーターでは、その加速度運動による慣性力の場が重力場と等価なので、下向きの重力が増えて体重が重くなったと感じられるわけだ。

上階への到着時や下降し始めた時は、加速度が下向きに働くので、重力が減ることになる。その極端な場合は、エレベーターが自由落下するときで、エレベーター内は無重力状態となる（図7-9）。エレベーターは等価原理を最も端的に説明するものなので、「ニュートンのリンゴ」のように、「アインシュタインのエレベーター」と象徴的に呼ばれる。リンゴは落ちるのが摂理だとしても、エレベーターは落ちると困るのだが。

慣性力による等価原理の効果が、エレベーターという閉鎖空間の中だけに限られるというのは、よくある誤解である。先ほどエレベーター内が無重力状態になったのは、エレベーターと共に落下するものがエレベーター内にしかなかっただけのことである。エレベーターの外にあって、エレベーターと同じ加速度で運動する物体であれば、すべてに全く同じ等価原理の効果を仮定してよい。それはエレベーターに限らず、電車などの乗り物でも同様である。

7-9　アインシュタインのエレベーター　文献(11)より

等価原理による問題の解決

先ほどの一方が加速する電車について、問題となっていた電車Aと電車Bの相対性を、等価原理で解決しよう。

加速度aで加速している電車Aでは、等価原理によって一様な重力場が生じる（図7-10）。この場合、加速度と反対の後方に「重力」（慣性力と等価な重力を括弧付きで示す）が生じるので、重力源（図7－10の円弧）が電車Aの後方にあるのと同じだ。このとき電車Aは、重力に抗して静止した慣性系と見なすことができる。電車Aの車内に立つ乗客には後ろ向きに「重力」が働くため、足だけが電車に残ったまま体が後方に倒れそうになる。

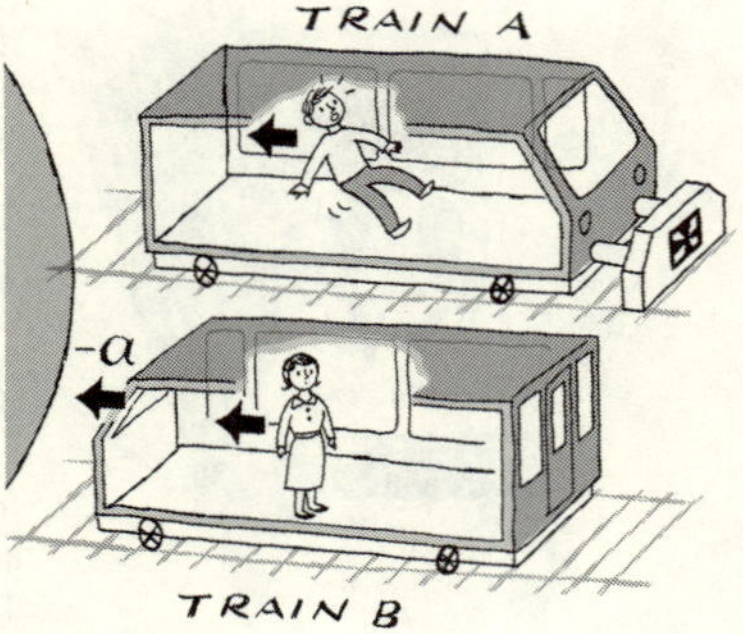

7－10　等価原理で解決

つまり、電車Aという慣性系以外のすべてが同じ「重力」を受ける。したがって、電車Aの乗客が電車Bを見た場合、電車Bやその乗客などは、共に同じ「重力」を受けて加速度 $-a$ で「落下する」加速系である。電車Bの乗客は、足だけが電車に引きずられることもないから、倒れそうになることはない（床方向に地球の重力があるので、自由落下するエレベーターのようにはならない）。これで、加速系を含めて相対性を扱えるようになった。

局所慣性系と非一様な重力場

実際は地球の重力は、地上から上空に離れて行くほど弱まるから、一様な重力場と見なせる地上付近は限られている。だとすると、一様な重力場に限定した等価原理では、非一様な重力場を扱えないように思えるかもしれない。しかし、重力場が一様でなくとも、ある局所的な空間で考えれば、重力をそれと同じ方向の加速度運動によって打ち消すことで、無重力状態にすることができる。この等価原理に基づく操作は、時間を決めて行ってよい。つまり、時空の各点で加速系への座標変換を行うことで、重力場を消し去った「局所慣性系」を作る事ができる。

アインシュタインのエレベーターを使って、一様な重力場と非一様な重力場の違いを説明しよう。まず一様な重力場では、エレベーターの内外のどこでも一様に、下向き $-g$ の重力加速度が働く重力場となる（図7－11左）。これは、エレベーターが上向き g の加速度を持っていることと等価である。

一方、天体からの万有引力による強い重力場の近くでは、重力源に近いほど重力が強く、離れるほど

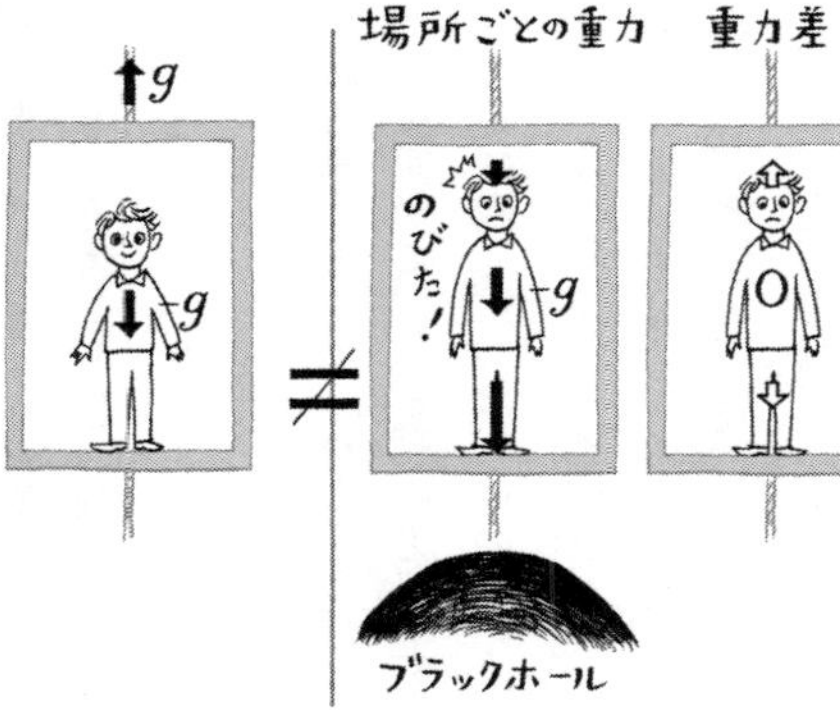

7－11　潮汐力の有無

弱いという、「非一様な重力場」が生じる（図7-11中）。そのため、重力に加えて、1つの物体の中で天体から遠い側と近い側（つまり上下）とに逆向きに引っ張るような「潮汐力」が生じる（図7-11右）。これは、次に説明するように、潮の満ち引きと同じ作用なので、一般の物体に対しても潮汐力という用語が使われている。そして、この潮汐力の有無によって、一様な重力場と非一様な重力場の違いを区別することができるのだ。

図を使って、なぜ潮汐力が上下に引っ張る力になるのかを説明しよう。まず、天体に近い側の足に働く重力は、体の真ん中に働く重力より強いため、体と相対的に下に引かれる。同様に、天体から遠い側の頭に働く重力は、体の真ん中に働く重力より弱いため、体と相対的に上に引かれるというわけだ。木星は地球より2・5倍も重力が強いので、木星で暮らしていると、潮汐力で背が伸びるかもしれない。

なお、土星の輪は、柔らかい物質でできた衛星が土星からの潮汐力で縦に分裂し、その残骸が土星の周りを回るうちに、リング状に広がったと考えられている。

さて、重力が想像を絶するほど強いブラックホールの近くは、本当に「危ない」。それは、ブラックホールに落ちると戻って来られないからではない。近づくだけで、その極めて強い潮汐力のために、ほとんどの物体が縦に引き延ばされて分裂してしまうからである。

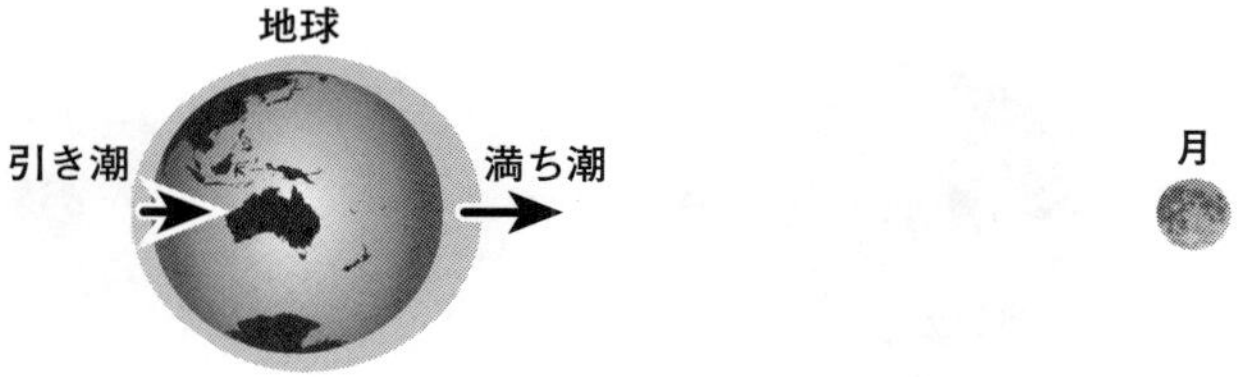

７－12　波の満ち引きは引力のため？

潮汐力の効果

地球の海で見られる潮の満ち引きは、月からの引力による潮汐力が原因である。直感的には図７‐12のように、月に近い側の海の方が、月と反対側の海よりも引力が強いため、前者に満ち潮、後者に引き潮が生じると予想されるかもしれない。しかし、この直感は誤りである。どこがおかしいのだろうか。

この直感では、地球自体も月に引かれることを忘れている。正しくは図７‐13上のようになる。月からの引力の大きさは、月との距離にしたがって、図中の矢印でａ＜ｂ＝ｃ＝ｄ＜ｅの順番になっている。

このとき、ｃは地球の中心に働く月の引力である。潮の満ち引きについて考える場合、この地球に働く引力を慣性力として差し引く必要がある。すると、ａ－ｃ＜０（月と反対方向）とｅ－ｃ＞０（月の方向）となって、月から遠い側の海水と、月に近い側の海水では、逆向きに力が働くのだ（図７‐13下）。

これが、海水全体を縦に引き延ばすような潮汐力である。したが

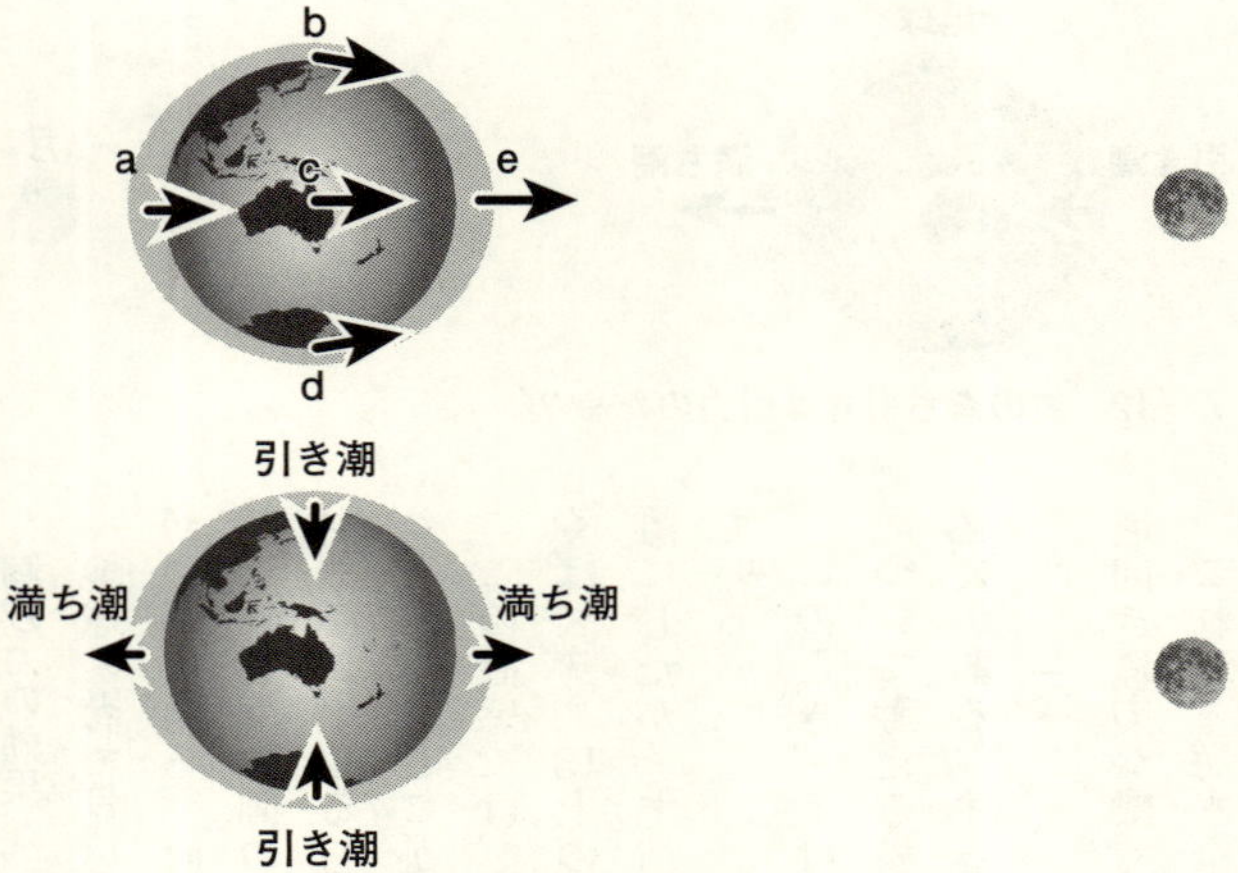

7－13　潮汐力による波の満ち引き

って、ａ地点とｅ地点ではどちらも満ち潮となり、ｂ地点とｄ地点では引き潮となる。

地球は１日に１回自転するから、満ち潮と引き潮を１日に２回ずつ繰り返すと予想される。しかし、月もまた地球の周りを公転しており、その方向は地球の自転方向と一致するため、ある地点での干満の周期は半日の12時間ではなく、平均で約12時間25分と少し長くなる。

また、満月や新月の頃は、地球と月を結ぶ方向に太陽が来るため、太陽からの潮汐力が加わって、潮の満ち引きが大きくなる（太陽が地球と月のどちら側にあるかは問わない）。これが「大潮」である。ただし、太陽からの潮汐力は、月からの潮汐力の半分程度である。

奥の深い問題　その１（第３講）の答

答：問いは、月が地球に対して常に同じ面を向けながら公転している理由であった。この問題は、「月の公転周期と自転周期が一致するのは何故か」という設定を捨てない限り、理解が進まない。そこで、「なぜ同じ面を地球に向け続けるのが安定なのか」と考え直すことで、ヒントが得られる。

月ができた頃、月の内部は流動的であったと仮定する。密度の高い物質ほど重力に引き寄せられて沈みやすい。通常なら、密度の高い物質は月の中心に向かって沈んでいくはずであり、物質の分布は球対称になる。

しかし、地球からの強い潮汐力のため、月が上下に伸びるだけでなく、より密度の高い物質ほど地球側に引き寄せられていく。したがって月の内部の密度は、地球に近い側ほど高くなる（図７－14）。

すると、「起き上がり小法師」と同じ仕組みで、月は密度が高く重い方を地球側に向け、少しずれたら必ず元

７－14　起き上がり小法師のような月

の位置に戻ろうとする。円軌道を直線に伸ばして考えれば、重力が水平面に対し鉛直方向となって理解しやすい。つまり、月は重い方を地球に向け続けることで安定しているのである。

奥の深い問題　その2（第3講）の答

答：問いは、月の地球に面した側（表側）と比べて、裏側が大小さまざまのクレーターに覆われている理由であった。月の表側にクレーターが少ないのは、隕石などの衝突が比較的少なかったためだろう。「海」と呼ばれる巨大な平地（兎に見える暗い部分）は、溶岩の流出が大規模に生じたためだと考えられている。一方、月の裏側は月の軌道の外側に面している分、外から来る隕石などの衝突が避けられずに無数のクレーターが生じたと言える。もし月の表側に向かうように隕石が来たら、地球の重力に引かれて地球に落ちるだろう。反対に、月が裏側でしっかり隕石を受け止めてくれたお陰で、地球の環境が守られて来たのかもしれない。

また、月の裏側の起伏が大きいのは、表側と比べてより柔らかい物質で構成されているためではないか。「奥の深い問題　その1」の答と合わせて考えると、密度の低い物質が裏側に集中するため、衝突の痕跡がよりはっきりと残されたと考えられる。

奥の深い問題　その4

問：木星の衛星は67個以上あることが知られている。地球の衛星は月だけだから、木星はずいぶんな子だくさんと言える。では、木星にはなぜそんなにたくさんの衛星があるのだろうか。なお、そのうち52個は、木星の自転方向とは逆向きに公転しているという。

答：木星は地球や火星より外側に位置しているため、より多くの隕石や彗星などにさらされている。さらに木星は他の惑星より重いため重力が強く、そうした飛来物の受け皿となりやすい。木星ができたときに分裂した衛星は、木星の自転方向と同じ向きに公転するが、飛来物の場合は、木星のどちらの側から来たかによって公転方向が決まる。

奥の深い問題　その5

問：アインシュタインの76歳の（最後の）誕生日に、ロジャース（Eric M. Rogers, 1902-1990）が贈ったパズルを出題する（図7-15）。

「問題　金属球をぶら下げた状態から、〝百発百中〟のやり方で、コップの中に入れよ。

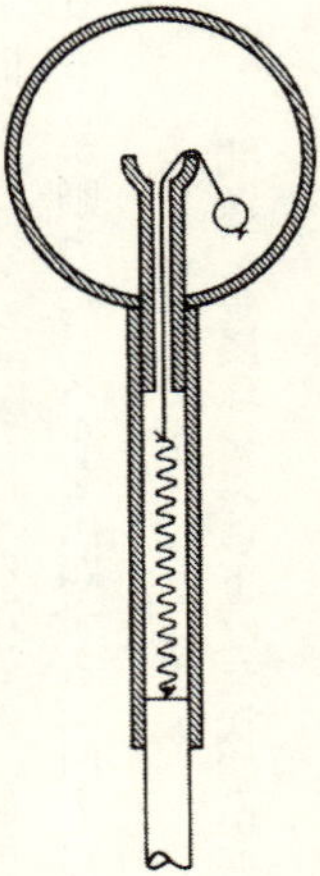

7－15　ロジャースのパズル　文献(12)より

境界条件と情報

1　透明な大きな球と透明な管は閉じたままで開いてはならない。

2　金属球は真鍮の球である。

3　いま、ばねはすでにある程度引っ張った状態で、伸びている。また、球がコップに入っても、やはり少し伸びた状態となる。しかし、このばねは、この重い金属球をコップの中へ引き込むほどは強くない。

4　棒は長い。

5　かってに振り回しているうちに偶然入るのではなくて、毎回必ず成功する方法がある。

そして6番目として、本書の読者には、念のために次のような助言を差し上げよう。すなわちこれはアインシュタインへの贈物として作られたものであり、事実、彼は大喜びで、実際に実験までしてこの問題を解いたのだった。[12]」

透明な大きな球は、真鍮の球に手を触れさせないためのものである。4番目にある棒は、この模型の下につながっている部分で、大型の箒《ほうき》の柄などで代用してもよい。この装置の大きさは適当で良く、普通の部屋の中で試せる範囲の方法が答である。

なお、「けん玉名人に頼む」というのは正答としない。誰でも「百発百中」でできる単純な方法がある。次の第8講を読む前に、数分でいいから考えてみていただきたい（☆）。

★第7講　引用文献

（1）A・P・フレンチ編（柿内賢信他訳）『アインシュタイン―科学者として・人間として』p.203 培風館（1981）
（2）http://www.teachersource.com/product/hoberman-switch-pitch-ball/chemistry
（3）物理学辞典編集委員会編『物理学辞典　三訂版』pp.427-428 培風館（2005）
（4）NASA, http://grin.hq.nasa.gov/ABSTRACTS/GPN-2000-001156.html
（5）宇宙情報センター http://spaceinfo.jaxa.jp/ja/weightlessness_airplanes.html
（6）*Principia*, pp.412-413
（7）J. B. Barbour & H. Pfister, Eds., *Mach's Principle: From Newton's Bucket to Quantum Gravity* (*Einstein Studies, Vol. 6*), p.13, Birkhäuser（1938）
（8）エルンスト・マッハ（岩野秀明訳）『マッハ力学史　上―古典力学の発展と批判』pp.360-362 ちくま学芸文庫（2006）

（9）A. Einstein, “Über das Relativitätsprinzip und die aus demselben gezogenen Folgerungen”, *Jahrbuch der Radioaktivität und Elektronik* 4, p.454（1907）

（10）アブラハム・パイス（西島和彦監訳、金子務他訳）『神は老獪にして…―アインシュタインの人と学問』p.230 産業図書（1987）

（11）酒井邦嘉監修『科学者の頭の中―その理論が生まれた瞬間』p.21 進研ゼミ高校講座、ベネッセコーポレーション（2007）

（12）『アインシュタイン―科学者として・人間として』p.159

第8講　地球から宇宙へ

第8講は、アインシュタインによる「等価原理」（第7講）の発見が、どのように新たな**宇宙論**（宇宙についての理論）を生み出したのかをたどる。ニュートンがあえて「仮説」を考えようとしなかった万有引力の法則に対して、「一般相対性理論」が初めて説明を与えたのだ。そこに科学という考え方の奥深さが見てとれる。さらに相対論は、膨張宇宙やブラックホールといった現代物理学のテーマに対して、まさに宇宙スケールで影響を与えている。

奥の深い問題　その5（第7講）の答

容器の中の真鍮の球を、受け皿に〝百発百中〟で入れる方法がある。装置全体を回してみるのはどうだろうか。人工衛星との類推からすれば、無重力が生じると思えるかもしれない。しかし、無重力状態を作り出す人工衛星の速度を思い出せば分かるように、重力を打ち消すような速度は、普通の部屋では実現できない。

答：科学史家コーエンが書いたアインシュタインの回想録に、ロジャースのパズルの解答があるので、引用する。

「『さてと』とアインシュタインは言った。『これは、等価原理を教える教材として作られた模型なんだ。この小さな球は糸に結びつけられている。ばねは球を引っ張っているんだが、球を下向きに引っ張っている重力に打ち勝つほど強くはないので、球を管［コップ］の中に引き込むことはできないんだ』。

彼の顔いっぱいに笑いが拡がり、その眼は嬉しさで輝いた。彼は言った、『ただ今より、等価原理の始まり始まり』。長い真鍮のカーテン棒の中ほどでこの装置を持つと、彼はそれを上に持ち上げ、球を天上にくっつけた。『さて、これを落とすと……』と彼は言った。『等価原理に従って、無重力状態が生まれる。そこでばねは十分な強さを発揮して、中の小さな球をプラスチックの管に引っ張り込むというしだい』。こういうと彼は突然その装置を、垂直に、手の中を滑らせながら、棒の下端が床に着くまで自由落下させた。棒の上端のプラスチックの球［透明な大きな球］(1)は、ちょうど目の高さになった。そしてそのときたしかに、球は管の中に収まっていた。」

棒と手の間に摩擦があると、慣性力が足らなくて玉が浮き上がらないかもしれない。逆に下に引っ張ると、慣性力が強すぎて玉が持ち上がり、かえってカップに入りにくくなる。つまり、特に何もせず「自由に」落下させるのが唯一の答なのだ。このパズルの作者であるロジャースは、プリンストン大学で物理学の名教師として有名だった。(2) これは彼のセンスが光る創作パズルである。

宇宙船内の光の伝播

等価原理に慣れてきたところで、いよいよ一般相対性理論の世界へ分け入ろう。まず、光の伝播が宇宙船の運動によってどのように変化するかを、3段階に分けて「思考実験」で考えてみたい。いずれの場合も、宇宙船が運動する方向と垂直にフラッシュ光を発射するとして、発光装置は宇宙船の中に固定されているとする。また、すべて宇宙船内にいる人が光の伝播を観測する。

第1に、宇宙船が等速度運動するとき、光はそのまま垂直方向へ直進する。これは、第5講で説明した、船上のマストから石を落とす実験と同じことだ。

第2に、フラッシュが発光した直後に宇宙船の速さが急に変わって、発光時よりも速い速度（ただし等速度）で飛ぶようになったとする。このとき光は、発射方向よりも斜め後方へ直進する。これは、発光装置が宇宙船の外にある場合と同じで、宇宙船の速度の変化分が光の伝播に加わることになる。

第3に、宇宙船が一定の加速度で運動する場合を考える。フラッシュが発光した後の短い時間では、宇宙船の速さが少しだけ変わって、第2の場合と同様、光は発射方向よりも斜め後方へ直進する。さらに短い時間が経つと宇宙船の速さがまた少しだけ増すから、光はさらに角度が急な斜め後方へ直進する。したがって、光は角度を徐々に変えながら斜め後方へ進んで行き、全体の光の軌跡は曲線となる（図8－1）。

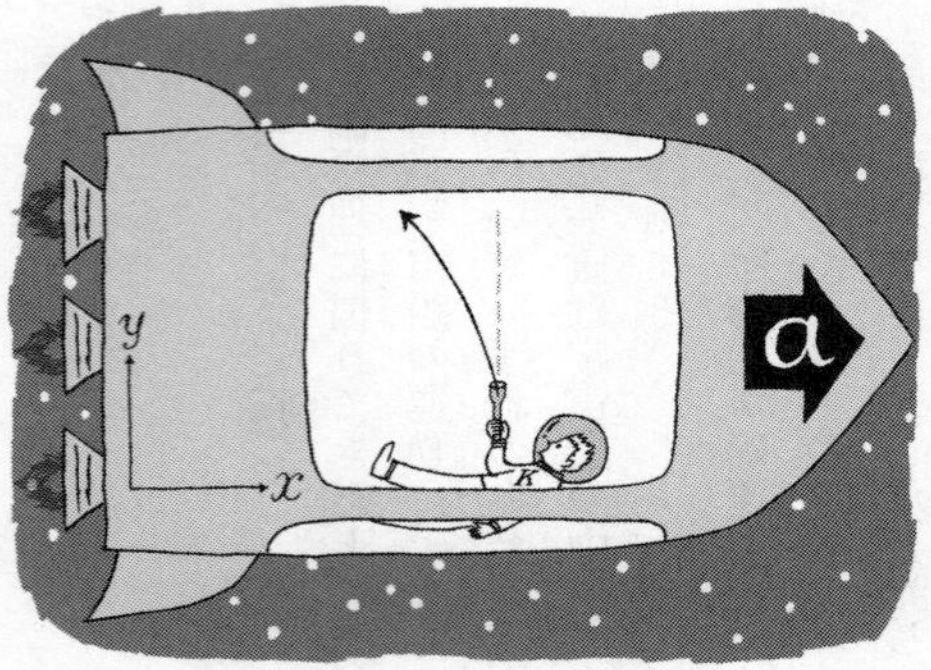

8－1　加速する宇宙船での光の軌跡

なお、軌跡上の光の速さは常に光速である。

これまでフラッシュ光で説明して来たが、連続光（定常光）でも光の軌跡は変わらない。1回目のフラッシュ光が端まで伝わった後に2回目のフラッシュ光を発すると、同じ軌跡をたどることになる。2回のフラッシュ光の間隔を徐々に縮めていけば、連続光も同じ軌跡をたどることが分かるだろう。

驚くべき結論

以上の思考実験から、加速中の宇宙船内では、後方、すなわち「慣性力」の働く方向に光が曲がることが分かった。等価原理によれば、宇宙船の後方に一様な重力場が生じており、慣性力と区別できない。すると、「光は一様な重力場で曲がる」、という驚くべき結論が得られる。一様な重力場で光が曲がるなら、万有引力を含め一般の重力場でも光は曲がることになる。

この結論には二重の衝撃がある。第1に、光は本来、常に直進するはずである。第2に、重力などの力は、そもそも質量のない光に働かないはずである。どちらも揺るぎのない基本的な物理法則なのに、なぜそれに反するような結論が得られたのだろうか。

ここで、またしてもアインシュタインの型破りの思考法が功を奏した。それは物理法則を変えるのではなく、常識の方を変えるのだ。確かに光は重力場中を直進しており、光に力は働いていないのである。

それでも光が曲がるのは、空間の方が重力によって曲がっているためだと考える。光はフェルマーの原理（第2講）に従い、曲がった空間の最短経路を進むために曲がるのだ。つまり、重力場では空間そのものが曲がっていると考えなくてはならない。よく「常識を超えよ」と言われるが、これほど論理的でありながら非常識な例が、かつてあっただろうか。

球面上の幾何学

空間が曲がっていると言われてもイメージしにくいのは当然で、直接目に見ることはできない。しかし、曲がっている2次元の面なら見ることができる。それは私たちが3次元空間にいるからである。例として、球面を見てみよう。

曲面上の2点を通る「直線」は、その2点を結ぶ最短の線分（最短路）として定義される。球面上で2点を通る「直線」は、その2点と球の中心を通る断面に現れる、大円の円弧である（図8-2）。大円の円弧が球面上の最短路であることを、スイカなどで切り口を変えて確かめてみよう（☆）。

具体的に地球儀を使って考えると、地球の赤道は大円だから「直線」である。しかし赤道を除く緯線（緯度線）は、大円の円弧ではないから球面上の直線ではないし、2点を結ぶ最短路でもない。

次に、2つの極点を結ぶ経線（子午線）を何本か引いてみる（図8-3）。これらの経線も大円の円弧だから「直線」である。しかも、すべての経線は赤道と直交するから、経線は互いに平行だと思われる。ところが、これらの「平行線」は、両端がそれぞれ北極と南極で交わる。つまり球面上では、すべての「平行線」が必ず交わることになる！

さらに、赤道と2本の経線という3直線から成る「3角形」、すなわち赤道上の任意の2点と、1つの極点を結ぶ3角形に注目すると（図8－4）、この球面上に描いた3角形の内角の和は180度を超える。なぜなら、2本の経線はどちらも赤道と直交していて、これら2つの内角を足しただけで180度となるからだ。

また、半径rの球面上で3つの異なる大円の円弧から成る「3角形」は、すべて内角の和が180度（πラジアン、ラジアンは角度の単位）を超える。しかも、内角の和からπを差し引いた値にr^2を掛けると、この3角形の面積となることが分かっている。

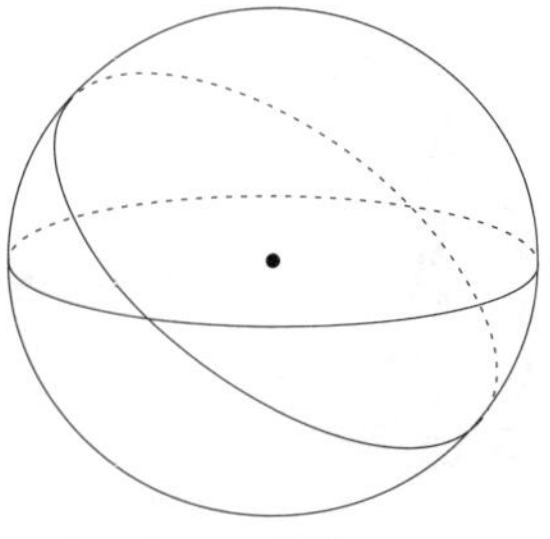

8－2　2つの大円

8－3　互いに平行な経線　文献(3)より

8－4　球面上の３角形　文献(4)より

非ユークリッド幾何学

三角形の内角の和が１８０度であることを示した『ユークリッド原論』(5)（以下、『原論』）は、紀元前３００年頃に書かれてから19世紀に至るまで、揺るぎのない存在だった。しかし１８３０年代から１８５０年代にかけて確立した「非ユークリッド幾何学」により、『原論』は平面にのみ成り立つものであって、曲面には適用できないことが明らかになった。ただし、その２千年を超える長い期間の間にも、何らかの予兆を感じていた数学者は少なくなかったらしい。

事の発端は、次のような「ユークリッドの第5公準」だった（図8－5）。

「1直線が2直線に交わり同じ側の内角の和を2直角［１８０度］より小さくするならば、この2直線は限りなく延長されると2直角より小さい角のある側において交わること。(6)」

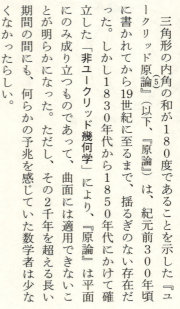

この「公準」とは、公理に先立って要請され、「公理」と同様に証明なしで認められる命題である（第2講）。全13巻から成る『原論』の第1巻の冒頭には、「1．点とは部分をもたないものである。2．線とは幅のない長さである」で始まる23個の定義の後に、5個の公準と5個の公理（9個とした版もある）が置かれている。[7] 各巻の冒頭では定義が適宜追加されるが、公準と公理は第1巻にしかない。

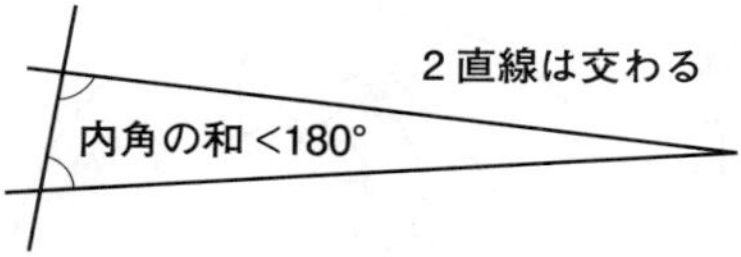

8－5　ユークリッドの第5公準

ユークリッドの第5公準は、1行に満たない他の公準や公理と比べると、明らかに複雑であり、「命題」であるように思える。そこで、第5公準を他の公準や公理を用いて証明しようとする努力が傾けられたが、誰も成功しなかった。[8]

18世紀末には、「1直線に含まれない1点を通り、この直線に平行な直線は、1本あり、1本に限る」という「プレイフェアの公理」が、「第5公準」と同値であることが明らかとなった。他にも互いに同値な「予想」が提案されたが、どれもユークリッド幾何学の体系では証明ができなかった。

『原論』では、直線、面、平面、そして平行線が次のように定義されている。

8－6　球面上の人々　文献(11)より

「4　直線とはその上にある点について一様に横たわる線である。
5　面とは長さと幅のみをもつものである。
7　平面とはその上にある直線について一様に横たわる面である。
23　平行線とは、同一の平面上にあって、両方向に限りなく延長しても、いずれの方向においても互いに交わらない直線である。[9]」

球面上の2つの異なる大円は、異なる2点で必ず交わるから（図8-2）、平行線を「互いに交わらない直線」と定義する限り、球面上に平行線は存在しないことになる。そこで、球面などの曲面に対して、「1直線に含まれない1点を通り、この直線に平行な直線は、1本もない」という新たな「公理」を考えることができる。

曲面の幾何学に対して、大胆かつ勇敢に第一歩を踏み出したのは**ガウス**（Carl Friedrich Gauss, 1777-1855）であり、１８２０年頃だったと言われている。[10] ガウスは「非ユークリッド幾何学」の名付け親なのだが、残念なことに非ユークリッド幾何学の論文を発表することがなかった。

それでも、球面上に引かれた直線（大円）は、やはり「曲線」ではないか、と思う人がいるかもしれない。確かに球の外から見ればそれは曲線だが、球面に張り付いている人から見れば、大円はあくまで直線なのだ（図８－６）。２次元の面が曲がっているかどうかは、３次元の空間に出てみないと分からない。同様に、３次元の空間が重力で曲がっているかどうかは、「４次元時空」に出てみないと分からないことになる。

リーマン幾何学

曲面の幾何学を体系的に研究した先駆者の一人が、**リーマン**（Bernhard Riemann, 1826-1866）である。リーマンはガウスと同じゲッティンゲン大学にいて、文字通りガウスの後継者だった。重力場を扱うのに必要な数学は、リーマンによってすでに創られていたのである。曲面の幾何学を多次元に拡張した理論は、「**リーマン幾何学**」と名付けられている。

リーマンは、「第５公準」の研究から非ユークリッド幾何学にたどり着いたわけではなかった。リーマンの基本的なアイディアは、「**計量**」と「**曲率**」である。計量とは距離を測ることであり、曲率とは空間の曲がり具合のことである。

リーマンは、ガウスの前で教授資格講演を行った。この１８５４年の講演は、晩年のガウスを非常に感激させたと言われている。リーマンは、講演の中で次のように述べている。

「多様体の計量関係は、曲率によって完全に決定されている。(12)」

ここで**多様体**（manifold）とは、局所的に見ればユークリッド幾何学が成り立つような空間のことである。例えば球面は、どの1点を取っても、その近くを局所的に見れば、平面としてユークリッド幾何学が成り立つ。そのような性質を持つ空間で測った距離同士の関係は、その曲面がどの程度曲がっているか、という幾何学的な性質によって完全に決まる。これがリーマン幾何学の基礎となった。リーマン幾何学の対象となる空間のことを、**リーマン空間**と言う。

例えば、曲面が全く曲がっていなければ（曲率ゼロ）、それは平面だから、2点間の距離は直線を引けば決まる。もし曲面が凸型に曲がっていて（曲率が正）、球面と見なせるなら、2点間を通る直線（大円）を引いて距離が決まる。この距離は、平面の場合よりも必ず長くなり、曲率が大きければその分伸びる。つまり、距離は曲率によって完全に決まるのだ。

アインシュタインが描いた次の図8－7を見てみよう。これまでの説明を読んだ読者には、平面に描かれたはずのこの図が、きっと「曲面」に見えて来たことだろう。このように曲がった縦糸と横糸を使って決められた座標のことを、ガウス座標と呼ぶ。

リーマンは先ほどの講演の終わりで、「これは、もう一つ別の学問、すなわち物理学の領域へと越境するよういざなう」[14]と述べている。これはまさに卓見であった。その60年後に、リーマン幾何学はアインシュタインによって物理学の領域へと導かれたのだった。

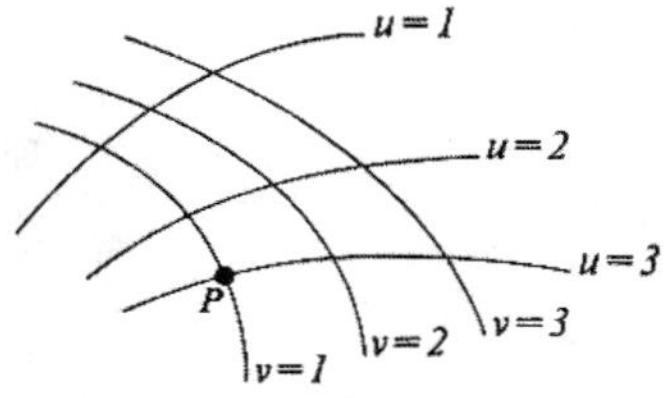

8－7　曲面上の「ガウス座標」
文献(13)より

アインシュタインの苦悩

相対論を一般の加速度運動にまで拡張するにあたって、アインシュタインには様々な試練が待ち受けていた。特にアインシュタインを悩ませた問題は、一様でない加速度運動であり、中でも回転運動と遠心力（第7講）の扱いが難しかった。1912年には、大学時代からの友人グロスマン（Marcel Grossmann, 1878-1936）の助言もあって、リーマン幾何学を採用するという大きな進歩があったにもかかわらず、1915年になってすべてを仕切り直した。特殊相対性理論を打ち出した「奇跡の年」から十年が経っていた。

この頃、アインシュタインは次のように書いている。

「理論家の間違った道は2種類ある

1　悪魔が理論家を誤った仮定でだます
（それについて理論家は同情に値する）

2　理論家が不正確でずさんな議論をする
（それについて理論家は体罰に値する）(15)。」

きっとアインシュタインは、試行錯誤の連続だったのだろう。「疑心暗鬼を生ず」と言うように、西洋の悪魔（Teufel）は東洋の鬼に対応する。プロの理論家である以上、2番目の間違いは何としても避けたい。しかし、悪魔に取り憑かれたならどうしようもない。そのまま進んでいってよいものか、暗中模索の日々が続いた。

決定的な1915年の論文の冒頭第3パラグラフには、次のように書かれている。

「私はこうした理由により、私によって立てられた場の方程式に対する信頼を完全に失ってしまい、自然なやり方で可能性を制限する道を探した。それで私は、場の方程式の一般共変性の要請に戻って来たのだ。その要請とは、私の友人のグロスマンと共同で研究した3年前に、苦しい気持ちで断念したものだった(16)。」

このように、アインシュタインが自分の心情を交えて論文を書くことは珍しい。アインシュタインはこの論文をまとめる直前になって、前年に発表した重力場方程式が「一般共変性の要請」を満たしておらず、この要請を満たすことこそが問題解決の突破口となることに気付いたのである。[17] この「一般共変性の要請」とは、任意の加速系に対して物理法則が「不変」となるという要請であるが、特に扱いの難しい回転系に対してはこの要請が満たされていなかったのだ。

アインシュタインは、最終的に次の「**一般相対性原理**」を採用する。

> ４次元時空（リーマン空間）の一般座標系はすべて同等であり、あらゆる物理法則は座標系間の変換に対して不変である。

第５講で説明した特殊相対性原理、「４次元時空（ユークリッド空間）の慣性系はすべて同等であり、あらゆる物理法則は慣性系間の変換に対して不変である」と対比して見直してみると、３つの違いが分かる。

第１に「ユークリッド空間」が「リーマン空間」となり、第２に「慣性系」が加速系を含む「一般座標系」となり、第3に「慣性系間の変換」が「座標系間の変換」と変わった。この座標変換は一般的なもので、特に名前はついていない。

一般相対性原理と等価原理の2つを基本原理として創られたのが、アインシュタインの一般相対性理論である。そして1915年の11月に、ニュートンの万有引力の法則に代わる、新たな「**重力場方程式**」が発表された。重力場方程式とは、「時空の曲がりは物質の分布で決まる」ということを方程式で表したものである。前年まで、一般相対性原理からは重力場方程式が導けないものと断念していたので[18]、やっとアインシュタインは悪魔を追い払うことができたのだ。

それから50年を過ぎた後に書かれた総説論文[19]で詳しい総括が行われたが、一般相対性理論はその間に他の研究者達が提案したどの理論にも引けを取らなかった。そして100年経った今なお、アインシュタインの理論は最も単純明快な完成形として、その輝きを失っていない。例えば重力物理学の教科書には、次のように書かれている。

「物理法則のすべての集合の中でEinsteinの幾何学的な重力理論よりも単純である、あるいは美しい物理法則はいまだ発見されていない。そしてより強制力のあるどのような重力理論もいまだ発見されていない。

実験が次々と遂行され、そして重力理論が次々と観測の犠牲となって落伍するにつれて、Einstein 理論が確固たるものになった。実験と Einstein の重力法則との間でよく話題になるような矛盾は、いまだ時の試練に耐えて残ったものはない。[20]」

「宇宙項」をめぐって

天文学では、「宇宙は一様で等方的である」という宇宙原理が仮定される。「一様」ということは、宇宙のスケールで見れば、どの場所も本質的な差がないということだ。「等方的」とは、宇宙のあらゆる方向が等しいということだ。つまり、方位に関する「風水」は否定されている。また、宇宙原理を採用することで、複雑な重力場方程式が解きやすくなるという効用がある。

宇宙原理が正しければ、「宇宙の中心」や「宇宙の果て（端）」といった特別な点はあってはならないことになる。そこで、どこを中心として測っても宇宙の大きさは同じだという仮定に基づき、地球から宇宙の「果て」までの距離を「宇宙半径」と言う。

当初アインシュタインは、宇宙半径が時間的に変化しないような「静的な宇宙モデル」（図8-8）を念頭に置いていた。そのためには、万有引力とつり合うような「万有斥力」が必要となる。そこで万有斥力を表すような「宇宙項」を、重力場方程式に付け加えたのである。

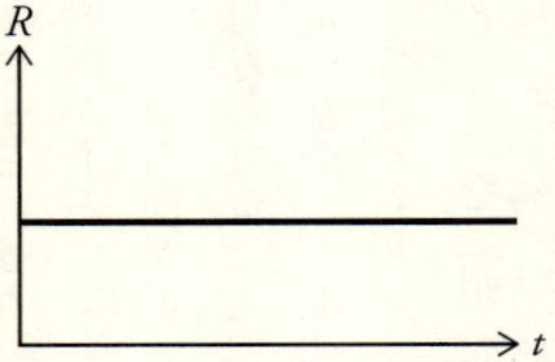

8－8　アインシュタイン・モデル（1917年）　縦軸に宇宙半径（R）を取り、横軸の時間（t）による変化を示す

宇宙項に現れる「宇宙定数」Λ（ギリシャ文字ラムダ）が正のΛ_Cという特別な値（臨界値）をとるとき、宇宙半径が一定に保たれる。

しかし、静的な宇宙モデルは安定して存在できず、わずかなゆらぎで宇宙が膨張か収縮に転ずることが、**フリードマン**（Alexander Friedmann, 1888-1925）によって1922年に指摘された。宇宙定数ΛがΛ_Cより大きければ、宇宙は膨張を続ける。しかしΛ_Cより小さい場合は、万有斥力が十分強くないため、宇宙は膨張の後で収縮に転ずる可能性がある。

さらにフリードマンは、宇宙項のない（つまり$\Lambda＝0$の）重力場方程式に基づいて、**「減速膨張する宇宙モデル」**を提唱した（図8-9）。宇宙全体の曲率が正の場合（凸型の曲面）、宇宙は減速しながら膨張していくが、その後で収縮に転ずる。[21] 物質が作る重力場には空間を曲げる効果があり、空間自体の膨張を引き戻してしまうのだ。物質が空間に及ぼす効果については、アインシュタインが1917年の論文の末尾ですでに指摘していた。

「しかし、たとえ上述のような付加項［宇宙項のこと］を導入しなくとも、空間の中にある物質によって、結果的には空間は正の曲率をもつようになることは、大いに強調しなければならない。[22]」

なおフリードマンの宇宙モデルでは、宇宙全体の密度が低くて曲率がゼロか負の場合、宇宙は常に単調で減速膨張を続ける。

その後**ハッブル**（Edwin Hubble, 1889-1953）は、遠くにあるほとんどの銀河から来る光が赤（長い波長）の方にずれるという現象（**赤方偏移**）を1929年に発見した。[23] 遠ざかる救急車のサイレンが低く聞こえる（音の振動数が下がって波長が長くなる）「ドップラー効果」と同じ効果が赤方偏移にも起きているなら、宇宙は膨張していることになる。

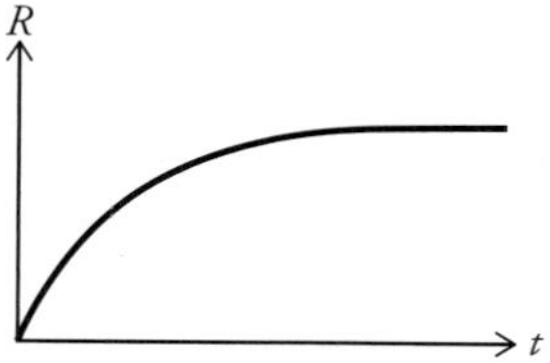

8－9　フリードマン・モデル（1922年）

さらに、赤方偏移から計算した銀河の遠ざかる速さ（後退速度）は、その天体までの距離にほぼ比例するという法則（**ハッブルの法則**）が提案された。その比例定数を**ハッブル定数**と呼び、宇宙の膨張速度の指標とされている。こうしたハッブルの発見によって、フリードマンの宇宙モデルが裏付けられたという見方が広まった。ただしハッブルの法則から、現在の宇宙が膨張していることは分かるものの、その膨張の度合いがどのように変化するかは分からない。

その後アインシュタインは、自ら導入した宇宙項が必要なかったと考えを改めた[24]。「自然は単純である」という信念から、アインシュタインは自らの宇宙項の導入を後悔したと伝えられるが、その根拠は薄い。宇宙項のない方がより単純かもしれないが、宇宙項のような定数項が入る方程式は珍しくない。

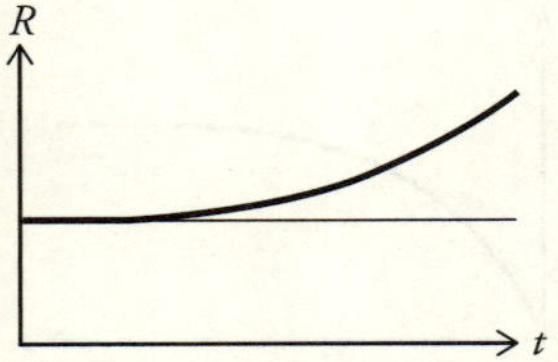

8－10　ルメートル・モデル（1927年）

一方、ルメートル（Georges Lemaître, 1894-1966）は、宇宙定数ΛがΛ_Cと同じか大きいときの「加速膨張する宇宙モデル」を１９２７年に発表した（図８－10）。宇宙全体の曲率が正の場合、$\Lambda \approx \Lambda_C$（≈は、ほぼ等しいことを表す）という定常状態（静的な宇宙モデル）から出発して、万有斥力のために、宇宙は単調で加速的に膨張する。宇宙全体の密度が低くて曲率がゼロか負の場合は、宇宙は最初から単調で加速的に膨張し続ける[25]。

しかし、アインシュタインやフリードマン、そしてルメートルの誰が正しくて、誰が間違ったかは重要でない。宇宙モデルの問題は、後に彼らが予想しなかった形で展開していくのである。

ビッグバン・モデル

もし宇宙が膨張しているなら、その初めはどうだったのだろうか。現在広く受け入れられている「ビッグバン・モデル」によれば、宇宙は138億年前の大爆発（ビッグバンと呼ぶ）で作られたという。ただし、ビッグバンの爆発はすでに存在する空間への爆発ではなく、空間そのものが爆発と共に膨張して出来上がるのだ。

大爆発という宇宙創成の考えは、ルメートルが1930年代に述べたのが最初だが、すぐには受け入れられなかった。ルメートルの宇宙モデルでは、宇宙が徐々に加速しながら膨張することになる。しかし、はじめの爆発時の膨張速度は極めて大きかったと考えられ、フリードマンの減速膨張する宇宙モデルの方が自然であり、宇宙項は必要ないというのが通説となった。

そこで「宇宙創成」に対する研究者の関心が高まり、「はじめの3分間」（正確に言えば最初の約0・1秒後から）で物質が生まれるまでのシナリオが作られるようになった[26]。ハッブルが発見したように、遠くの銀河がさらに遠ざかるのは、ビッグバンに伴う宇宙の膨張が現在も続いているためだと考えられている。

さて、赤方偏移から求められた銀河の後退速度は光速以下なので、どれほど遠くにある銀河であっても、ハッブルの法則から得られる距離は138億光年（ビッグバン以降の時間×

光速）よりは短い。しかし、光が銀河から地球に届く間にも宇宙が膨張してしまうため、遠くの銀河は地球からの距離が１３８億光年を超えるのだ。実際、ハッブル宇宙望遠鏡（人工衛星）で観測された最も遠い天体の距離は３１９億光年である。計算によれば、現在の宇宙半径は４６５億光年とされている。

現代の宇宙観

ビッグバン・モデルは、思いがけない発見によって実証された。１９６４年にアメリカのベル研究所にいたペンジアス（Arno Penzias, 1933-）とウィルソン（Robert Wilson, 1936-）は、銀河からの電波を測定するために、さまざまな雑音を除く作業を始めていた。受信したい電波源の方向が限られている場合は、電波源以外から来る信号と相殺することで、かなり雑音が除ける。しかし、銀河は「天の河」として全天に広がっているので、雑音を一つひとつ同定する必要があった。

ペンジアスとウィルソンは、波長が7・35センチメートルの電波雑音が、空全体から発せられていることを見つけた。この原因不明の雑音は彼らの手に負えなかったので、仲間の天文学者に相談した。すると、ビッグバンの名残として宇宙の背景にある電磁波（**宇宙背景放射**）ではないか、という助言を得た。

そこで電波雑音のエネルギーに相当する温度を調べたところ、最低温度をゼロとする絶対温度で測って約3度だった。この値は、ビッグバン・モデルの予言と見事に一致した。この幸運に恵まれた発見により、ペンジアスとウィルソンは１９７８年のノーベル物理学賞を受賞したのである。

こうした観測的宇宙論の大発見には、周期性がある。１９２９年の赤方偏位の発見から35年後に１９６４年の宇宙背景放射の発見があった。その35年後を目前に控えた１９９７年から１９９８年にかけて、パールムッター（Saul Perlmutter, 1959-）らのチームと、シュミット（Brian Schmidt, 1967-）とリース（Adam Riess, 1969-）らのチームは、宇宙の膨張速度がどの程度減速するのかを調べる目的で、白色矮星（高温で高密度の白い恒星）の超新星爆発に伴う光度変化を調べていた。超新星爆発は夜空に明るい星が忽然と現れる現象だが、重い恒星の最後の姿であって、それ自体は「新しい星」ではない。

超新星爆発では、銀河全体に匹敵するほどの光が一度に放たれる。元素組成からIa型と分類される超新星について、その明るさの時間変化を精密に測定したところ、減速膨張する宇宙モデルの予想を上回って弱くなることが分かった。独立した２つのチームが同じ時期に一貫したデータを発表したため、信頼性が増したと言える。

これらのデータは、宇宙が減速ではなく、加速しながら膨張を続けていると考えないと説

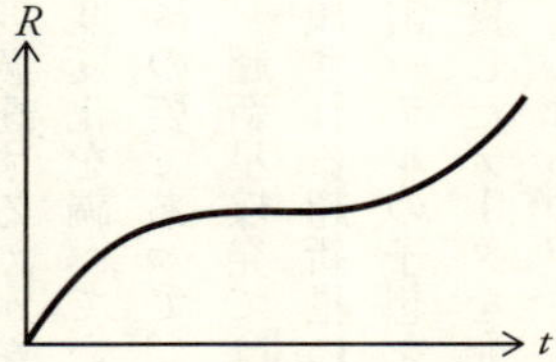

8－11　今の宇宙モデル（2001年）

明できなかった。つまり、これまでの予想と反して、「加速膨張する宇宙モデル」を支持しており、ビッグバン・モデルとも矛盾しない。この新たな発見に対し、先ほど挙げた3人に2011年のノーベル物理学賞が授与された。

宇宙の膨張を加速させる原因として、アインシュタインが導入した宇宙項の寄与（万有斥力）が大きいと考えられる。また、宇宙項による効果が、宇宙空間に広がった**暗黒エネルギー**（dark energy）の作用である可能性が指摘されている。暗黒エネルギーとは未知のエネルギー源であり、斥力の原因として有力である。これに対し、**暗黒物質**（dark matter）という光では見えない「物質」は、万有引力によって凝集力を高める効果があるから、暗黒エネルギーとは逆の作用を及ぼす。

さらに2001年になって、リースらが1998年の観測時よりもさらに遠い過去に生じた超新星爆発を調べたところ、「減速膨張する宇宙モデル」を支持する証拠が初めて得られた[27]。したがって、ビッグバンから数十億年までは減速膨張が続き、その後で暗黒エネルギーの方が優勢になって、加速膨張に転じたと考えられる（図8－11）。この最新の宇宙モデルによれば、アインシュタイン、フリードマン、そしてルメートルのモデルは、部分的にはすべて正しかったことが分かる。

この百年で二転三転したが、アインシュタインの宇宙項というアイディアもまた、結局正しかったのである。つまり、失敗を恐れずに新たな可能性を検討し続けることこそが「科学的な考え方」なのだ。次の寺田寅彦（1878-1935）の言葉を噛みしめたい。


「怪我を恐れる人は大工にはなれない。失敗を怖がる人は科学者にはなれない。科学もやはり頭の悪い命知らずの死骸の山の上に築かれた殿堂であり、血の河の畔《ほとり》に咲いた花園である。」(28)

「マッハの原理」をめぐって

第7講でマッハによる力学の批判を紹介したが、「マッハの原理」として明記されたものはマッハの著作になく、いくつかの仮説がマッハの原理として議論されている。代表的なものは、「ある物体の慣性は、他のすべての質量との相互作用によって起こる効果である」という仮説である。

若かりし頃のアインシュタインはマッハに影響を受けていて、このマッハの原理を1912年から1918年にかけての論文中にも記していたが(29)、その後、完全に放棄した。マッハの原理を金科玉条とすることなく、捨て去ることができたということも、アインシュタインの柔軟な思考力を示している。科学という考え方に「権威」の入り込む余地はなく、時には有力な着想自体を疑い、退けるという勇気が必要なのだ。

それからしばらく経った1949年に、**ゲーデル**（Kurt Gödel, 1906-1978）が、負の宇宙定数を持つ重力場方程式で、とても奇妙な「解」を報告した。ゲーデルは、あえてマッハの原理を満たさないような解を探してみた。そして見つかった解は、慣性系が中心にあって、その周りにある一様な物質が一定の角度変化で回転するものだった。

マッハの原理（第7講）によれば、バケツと水が静止していて、地球や他のすべての天体を相対的に回転させたなら、水に遠心力が生じるはずである。水に遠心力が生じるということはつまり、回転の中心に位置する系が加速系（非慣性系）であることを意味する。しかし、慣性系が中心にあるようなゲーデルの解はマッハの原理に反しており、そのような解が一般相対性理論から得られたということは、一般相対性理論がマッハの原理を前提としてはいなかったと言える。

それでも光は曲がる

さて、等価原理を使ってもう少し「アインシュタインの宇宙」を吟味してみよう。等価原理から、光が重力で曲がることは明らかだった。しかし、その効果はどうしたら実測できるだろうか。

強い重力の効果を観測するには、質量が大きいことが望ましい。しかし地上でできる実験では、質量が限られている。地球の重力を利用するには、宇宙に出て観測しなくてはならない。それが難しいならば、周りの天体を利用して地上で観測するのがよい。地球の周りにあって質量の大きな天体となると、太陽が一番だ。つまり、太陽の周りで星からの光が曲がるかどうかを調べればよさそうだ（図8－12）。

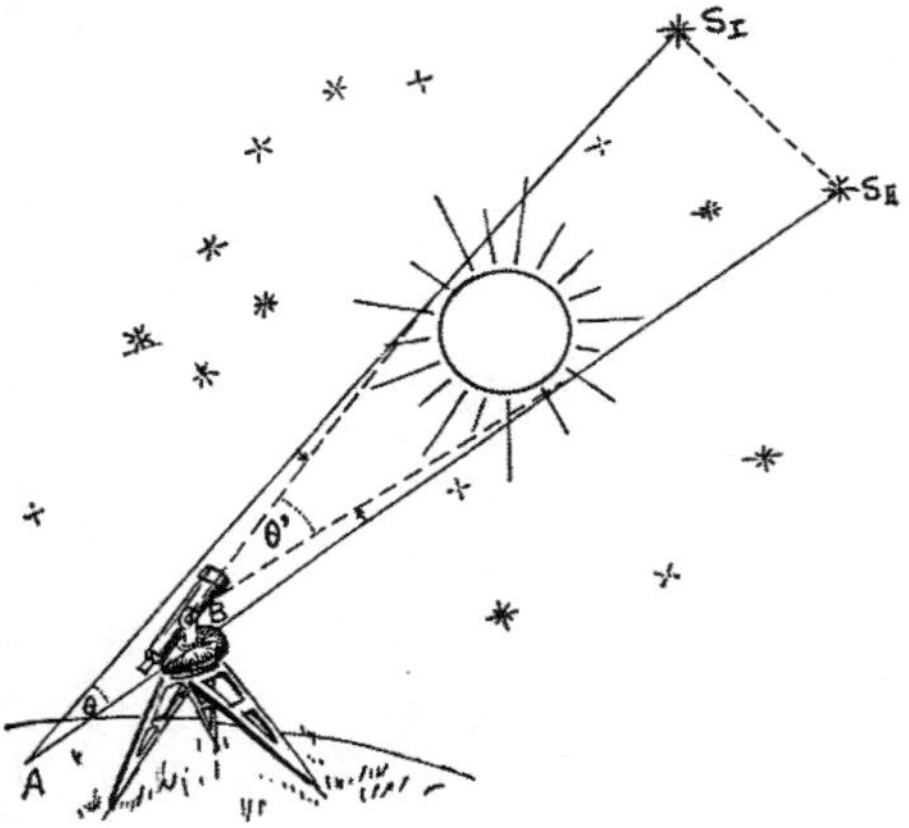

8－12　光は重力で曲がる　文献(30)より

ここで大きな問題が1つある。ほかならぬ太陽が明るすぎて、昼間は星が見えないのだ。どうしたらよいだろうか？

答は**皆既日食**の観測である。皆既日食は、地球と太陽の間に月が入ってちょうど一直線に並ぶ現象で、太陽がちょうど月の影に隠れたごく短い時間だけ「夜」になる。太陽は月の約400倍の大きさだが、月よりも約400倍離れているため、ほぼすっぽりと月の影に入るのだ。その間に星の写真を撮れば、太陽のそばを光線が通る星の位置をとらえることができる。そして、この星の位置は、日周運動から求めた予測からずれると予想されるのだ。

アインシュタインは、等価原理に基づいて、1つの星からの光が重力場でどの位曲がるかを計算してみた。1911年の論文によると、その角度は0・83秒（1秒は1度の1/3600）だった[31]。当時の技術でも、この予測値なら実測できると思われた。そこでアインシュタインは、ドイツの天文学者に皆既日食の観測を依頼したが、観測が計画された1914年に第一次世界大戦が始まって、計画が流れてしまった。

皆既日食は3年に2回程度の頻度で、世界中のどこかで起きている。しかし、観測隊が行けるところは限られているし、雲が出たら太陽はもちろん、星も見えなくなってしまう。私も経験があるが、皆既日食の観測は運任せである。2009年の屋久島では雨に降られて、「日食病（日食が見たくて仕方がなくなる精神状態）」に罹患した。その後、2012年のケアンズ（オーストラリア）に遠征して雪辱を果たしたが、写真撮影に失敗したため日食病は完治していない。

アインシュタインは、1915年に完成した重力場方程式に基づいて、予測値を1・7秒に修正した[32]。１９１９年の皆既日食は、太陽の周辺に多くの明るい星が点在するという稀な好条件に恵まれ、イギリスのエディントン（Sir Arthur Eddington, 1882-1944）らの２つの遠征隊は、アインシュタインの新しい予測値を見事に実証した[33]。

もし１９１４年に最初の観測が行われていたら、観測値は当時の予測値と食い違ったことだろう。理論の予測と観測が見事に一致したのは、アインシュタインの強運のお陰だった。

図８－12の実線のように、太陽をはさむ２つの星からの光が直進したとしてできる３角形の内角の和は１８０度となる（地球側の頂点の角度をθとする）。実際に観測したときの２つの星の間の角度をθ′とすると、光の軌跡は破線のように３角形の内側に曲がるから、θ′は必ずθよりも大きくなる。すると、２つの星と、地上の観測点が作る３角形では、その内角の和が１８０度以上となる。これは、太陽の作る重力場がリーマン空間であることを示している。

なお、夕陽の形が楕円上に歪んで見えるのは、太陽光線が大気を通過する際の屈折が原因であり、地球の重力場のせいではない。

図８－13は、太陽の質量で曲がった「２次元空間」を３次元空間から見たものである。光は、重力場で曲がった空間の最短路を進むことが分かる。物体も光も、曲がった空間のため重力場に引かれるように運動する。それは地球の重力場でも同様だ。これがまさに万有引力

の説明になっている。

つまり、ニュートンが説明を与えなかった万有引力の原因が、曲がった空間の効果として初めて解明されたのである。実際、重力場方程式で重力源から十分遠方に相当する近似をすると、万有引力のポテンシャルが現れるのだ。(35)

実際に布団やマットレスの中央を窪ませて、小さなボールを転がせてみるとよい。面が歪んでいると、ボールが窪みに引き寄せられるだろう。我々の目に見えないだけで、宇宙は確かに歪んでいる。

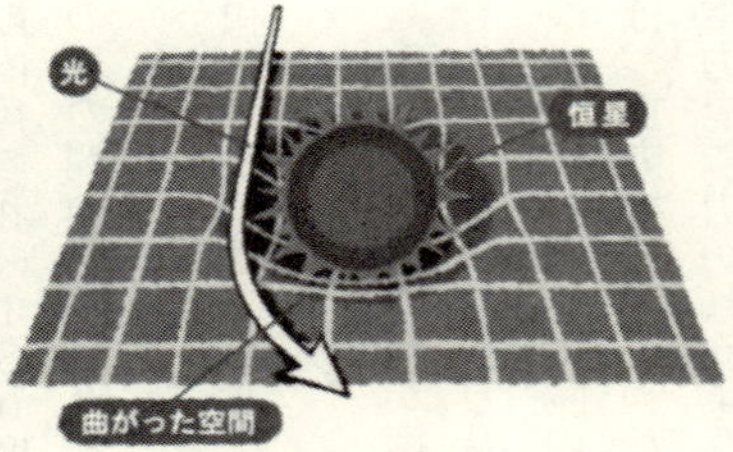

8－13　万有引力の説明　文献(34)より

人間と宇宙の詩

次の詩は、谷川俊太郎(1931-)が18歳のときに作った『二十億光年の孤独』の全文(36)である。

人類は小さな球の上で
眠り起きそして働き
ときどき火星に仲間を欲しがったりする

火星人は小さな球の上で
何をしてるか　僕は知らない
（或はネリリし　キルルし　ハララしているか）
しかしときどき地球に仲間を欲しがったりする
それはまったくたしかなことだ

万有引力とは
ひき合う孤独の力である

宇宙はひずんでいる
それ故みんなはもとめ合う

宇宙はどんどん膨んでゆく
それ故みんなは不安である

二十億光年の孤独に
僕は思はずくしやみをした

国語の教科書でこの詩に出会った人も多いだろう。「二十億光年は当時の私の知識の範囲内での、宇宙の直径を意味している」[37]との自註がある。詩の後半では、宇宙観と孤独感が響き合う。もし宇宙のどこかに知的生命体がいるなら、火星人のように地球人の噂話をしているのだろうか。

水星の近日点移動

アインシュタインは、1915年の11月末の手紙で次のように書いている。

「私は先月、私の生涯で最も刺激的で、そして最も骨の折れる時を過ごしました。確かにそれは、最も実り豊かな時でもありました。書くことが考えられないほどです。[中略]」

私の経験した素晴らしいことは、いまや第1近似としてニュートンの理論が生まれるだけでなく、第2近似として水星の近日点移動（100年あたり43秒）が生じるということです。太陽のそばの光の曲がりについても、以前より倍の値となりました。[38]」

この素晴らしい発見については、同年の論文に[39]「第1近似」「第2近似」という見出しと共に書かれている。この「近似」とは、重力源から十分遠方に相当するもので、第2近似の効果の方が第1近似よりもさらに小さく、重力が相当強くないと表れない。なお、論文の「第1近似」の節では、「太陽のそばの光の曲がり」の予測値を1・7秒に修正したことが初めて述べられている。

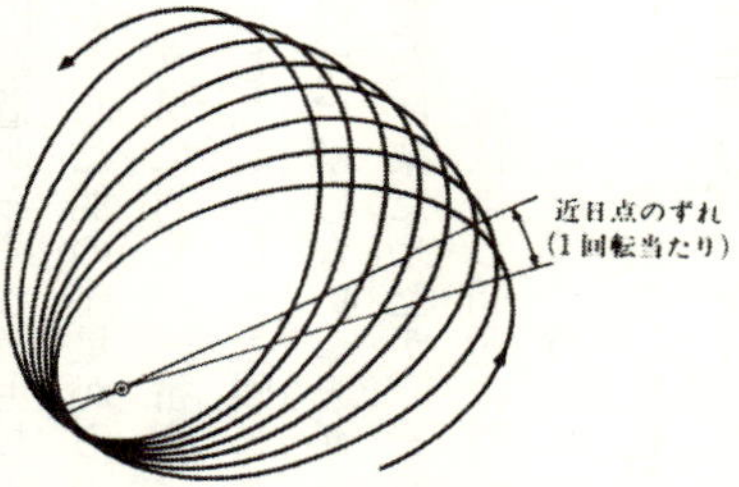

8－14　水星の近日点移動　文献(40)より

水星の近日点移動とは、水星の楕円軌道が一周しても閉じずに、らせん状の回転を続ける現象である。水星は惑星の中で最も太陽に近いため、重力の効果を最も強く受けるのだ。図8-14はかなり誇張して描かれているが、水星の楕円軌道の近日点（最も惑星が太陽に近づく点）は、100年あたりの角度で43秒進む。

この現象は古くから知られていたが、ニュートン力学では説明ができなかった。惑星が楕円軌道を描くことを第3講で説明したが、太陽に加え他の惑星からの引力も働くため、楕円軌道からずれが生じて、1周回っても元の場所に戻らず、軌道が閉じなくなってしまう。こうした他の惑星からの影響を摂動という。

水星に対して一番大きな影響を与える金星の摂動を含めても、計算結果は観測データと一致しなかった。太陽・水星・金星という3つの天体を対象とする「3体問題」は、式計算だけでは解けないことが分かっており、しかも式に数値を入れて手計算で軌道を求めるのは大変な作業だったが、そうした努力にもかかわらず、データの食い違いは解消しなかったのだ。

この長年の問題に対して、一般相対性理論は観測データと一致する説明を初めて与えることができた。この説明は、太陽周辺の空間の歪みが楕円軌道に影響を与えることを明らかにしたという点で、意義深いものだった。さらに、その効果が「第2近似」として現れたということは、ニュートンの万有引力の法則を超える重力が実際に存在することを裏付けている。アインシュタインが大きな手応えを感じたのも肯けよう。

重力波を探して

さらにアインシュタインは、重力場も「近接作用」(第4講)として光速で伝わることを予言した[41]。これが「重力波」であり、1916年に初めて指摘され、1918年の論文で詳しく吟味された。超新星爆発のときのように新たに重力場が生じたときは、その場の変化を重力波が伝えていくと考える。

第2講で述べたように、一般に波動性から粒子性が導ける。重力波に対応する粒子は「グラヴィトン（重力子）」と呼ばれ、質量ゼロで光速を持つと考えられている。言い換えると、重力はグラヴィトンによって光速で伝わる。

重力波の存在は、ハルス（Russell A. Hulse, 1950-）とテイラー（Joseph H. Taylor Jr., 1941-）が1974年に発見した「連星パルサー」によって間接的に裏付けられ、彼らは1993年のノーベル物理学賞を受賞している。連星とは、2つの星が互いに両者の重心の周りを回るもので、パルサーはパルス状の電磁波を周期的に放出する天体である。彼らの発見した連星パルサーは、秒速300キロメートルもの速さで公転しているのだが、次第に2つの星が近づいてきて、その周期が一般相対性理論の予言通りに短くなっていくことが観測された。その際のエネルギーの損失は、強力な重力波を放出したためだと考えられた。

日本でも、重力波の研究に対して長年にわたる努力が傾けられてきた。例えば、「KAGRA（かぐら）」と呼ばれる大型低温重力波望遠鏡が、東京大学宇宙線研究所、高エネルギー加速器研究機構、自然科学研究機構国立天文台の主導で、岐阜県飛騨市にある神岡鉱山の跡地に設置されている。

重力波の発見

アインシュタインの予言から100年経った2016年2月12日、「重力波の初検出」という見出しが新聞各紙の朝刊1面を飾った。ワイス（Rainer Weiss, 1932-）が率いる千人もの物理学者から成る国際チームが、「LIGO（ライゴ、Laser Interferometer Gravitational-Wave Observatory レーザー干渉計型重力波天文台）」と呼ばれるアメリカの大型装置で、極めて微弱な重力波を検出することに初めて成功したのである。

この装置は、直線のそれぞれが4キロもある巨大なL字型になっている。交差した中心から発射したレーザー光（単一の波長で山と谷のタイミング〔位相〕がそろった光）を鏡で反射させ、中心に戻って来たその2つの光が作る干渉縞（第2講）を検出するものである。宇宙から地表に重力波が伝わると、空間の歪みが2方向の距離にごくわずかな違い（陽子の大きさの1万分の1ほど）を生じさせる。1994年にLIGOの計画が始まって以来、熱や振動などによるノイズをいかに減らすかが実に困難な課題だった。

図8-15は、重力波を検出した決定的瞬間を示す。左から右に時間経過が表されており、この重力波の波形から、宇宙に何が起きたかが想像できる。しかもこの特徴的な波形は、互いに3000キロメートル離れたワシントン州（アメリカ西海岸）とルイジアナ州のLIGO施設で、重力波の到達の遅れを算入して完全に一致した。これは、観測施設付近で生じた

ノイズでは説明できない結果である。

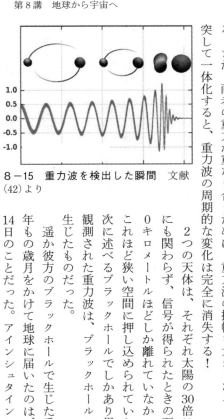

図の一番左の部分では、極めて質量の大きな2つの天体が、互いの周りを回っていると考えられる。この周期的な運動のために、重力波は整った波動として検出されている。次に、2つの天体が両者間の重力のために近づくため、より短い周期で回転するようになる。また、両者の重力が重なり合うために、重力波の振幅も大きくなる。その後、両者が衝突して一体化すると、重力波の周期的な変化は完全に消失する！

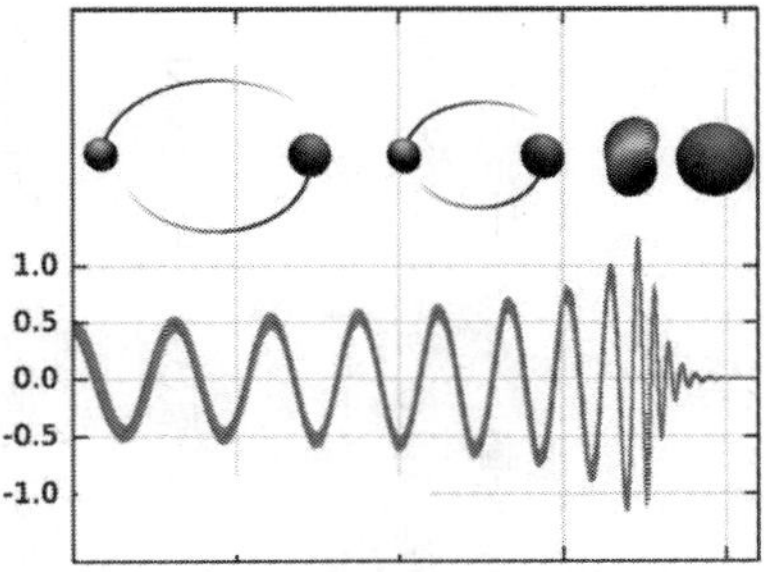

8−15　重力波を検出した瞬間　文献(42)より

2つの天体は、それぞれ太陽の30倍ほどの質量があるにも関わらず、信号が得られたときの互いの距離は210キロメートルほどしか離れていなかった。天体全体がこれほど狭い空間に押し込められていたのなら、それは次に述べるブラックホールでしかあり得ない。つまり、観測された重力波は、ブラックホールの大衝突によって生じたものだった。

遥か彼方のブラックホールで生じた重力波が、13億光年もの歳月をかけて地球に届いたのは、2015年9月14日のことだった。アインシュタインの一般相対性理論から百年経って、重力波から宇宙を「見る」という、新たな天文学が誕生したのである。

ブラックホールの魔力

アインシュタインが初めて重力場方程式を導いた1915年11月の論文からわずか2ヵ月後に、物質の存在しないときの等方的な解が、シュヴァルツシルト（Karl Schwarzschild, 1873-1916）によって初めて発見された。このときシュヴァルツシルトは第一次世界大戦の東部戦線に出征中であり、論文の出版をアインシュタインに託したのだった。しかもシュヴァルツシルトは戦地で不治の病と闘いながら研究を行ったのであり、アインシュタインを心底驚かせた。

その後1931年になって、弱冠21歳のチャンドラセカール（Subrahmanyan Chandrasekhar, 1910-1995）が、ブラックホールを初めて理論的に予言した。星が燃え尽きて内部の圧力が下がり、自重に耐えきれなくなると、収縮し始める。これは「重力崩壊」という現象で、星はそのままブラックホールとなる。また、星の元の質量で決まる一定の半径（シュヴァルツシルト半径）の内側では、光も閉じ込められてしまう。これがブラックホールである。そのため、ブラックホールの本体は原理的に「見えない」わけだ。

原理的に見えない以上、ブラックホールは検証できないと当初考えられたが、その後、さまざまな状況証拠が挙げられるようになった。例えば、ブラックホールになる前の星の表面付近では、物質が落下中に蒸発して、電磁波や重力波を爆発的に放出することが知られている。「閉店セール」で大量に商品を売るようなもので、ブラックホールの間接証拠となる。先ほど説明した「重力波の発見」は、同時にブラックホールの存在を揺るぎのないものにする発見でもあった。

皆既日食で光の曲がりを実証したエディントンは、チャンドラセカールの指導者だったが、ブラックホールのアイディアを頑として受け入れなかった。「星がこんなばかげた振舞いをしないようにする自然法則があって然るべきだ」とエディントンは述べている。(43) ブラックホールはそれほど革新的な考え方だったのだ。その後チャンドラセカールは、1983年にノーベル物理学賞を受賞した。

チャンドラセカールは、ブラックホールの発見について次のように回想している。

「45年にわたる私の全研究生活の中で、最も強烈な体験は何であったかと申しますと、ニュージーランドの数学者ロイ・カーによって見出されましたアインシュタインの一般相対論方程式の厳密解が、宇宙に散在している数知れぬ重いブラックホールの絶対的に正確な表現を与えてくれるということが分かったときであります。この「美しいものの前でおののき」、数学における美の追求をきっかけとした発見が〈自然〉の中にその正確な写しを見出すという信じられないような事実、こういうことがあるものですから、美とは人間の心がその奥底で、最深部で感応するところのものであると、私はいわざるをえないのです。[44]」

カー(Roy Kerr, 1934-)が1963年に発見した重力場方程式の解は、質量と角運動量(動径に運動量〔回転方向の成分〕を掛けたもの)の2つだけを変数(パラメーター)としており、実際に存在しうるブラックホールを見事に解き明かした。ブラックホールの魅力について、チャンドラセカールは次のように書き表している。

「自然界のブラックホールは、宇宙にある最も完全な、マクロスコピック〔巨視的〕な物体である。その構造における要素は、我々の時空という概念のみである。しかも、ブラックホールの記述に対して、一般相対性理論が唯一の一群の解を与えるのだから、ブラックホールは最も単純な物体でもあるのだ。[45]」

ブラックホールは確かに最も単純だが、その数学は恐ろしいほどに複雑である。宇宙論に憧れる若者にとって、例えばここで引用したチャンドラセカールの『ブラックホールの数学的理論』といった専門書が気になるだろう。ただし、その魅力は、青春の全てを吸い込むかもしれない。

8−16　ハーブロックの漫画　文献(46)より

宇宙へ

図8-16は、ハーブロック（本名Herbert Block, 1909-2001）がアインシュタインを追悼して描いた作品である。中央の星に貼られた記念銘板には、《アルバート・アインシュタインはここに住んでいた》とある。アインシュタインの仕事は確かに宇宙スケールであった。

★第８講　引用文献

（１）Ａ・Ｐ・フレンチ編（柿内賢信他訳）『アインシュタイン―科学者として・人間として』p.160 培風館（1981）

（２）E. M. Rogers, *Physics for the Inquiring MInd: The Methods, Nature, and Philosophy of Physical Science*, Princeton University Press (1960)

（３）酒井邦嘉『考える教室』p.103 実業之日本社（2015）

（４）『考える教室』p.105

（５）ユークリッド（中村幸四郎他訳）『ユークリッド原論・追補版』共立出版（2011）

（６）『ユークリッド原論・追補版』p.3　（７）『ユークリッド原論・追補版』pp.2-3

（８）ダグラス・Ｒ・ホフスタッター（野崎昭弘、はやしはじめ、柳瀬尚紀訳）『ゲーデル、エッシャー、バッハ―あるいは不思議の環』p.106 白揚社（1985）

（９）『ユークリッド原論・追補版』pp.2-3

（10）遠山啓、矢野健太郎編『数学セミナー臨時増刊「数学１００の発見―その発展の軌跡」』p.120 日本評論社（1972）

（11）『考える教室』p.107

（12）リーマン（足立恒雄、杉浦光夫、長岡亮介編訳）『リーマン論文集』p.303 朝倉書店（2004）

（13）アルバート・アインシュタイン（金子務訳）『特殊および一般相対性理論について　新装版』p.113 白揚社（2004）

（14）『リーマン論文集』p.307

（15）A. Einstein, *The Collected Papers of Albert Einstein*, Vol. 8 (*The Berlin Years: Correspondence*, 1914-1918, Part A: 1914-1917), p.88, Princeton University Press (1998)

（16）A. Einstein, *The Collected Papers of Albert Einstein*, Vol. 6 (*The Berlin Years: Writings*, 1914-1917), p.215, Princeton University Press (1996)

（17）*The Collected Papers of Albert Einstein*, Vol. 6 (*The Berlin Years: Writings*, 1914-1917), p.224

（18）アインシュタイン（内山龍雄訳編）『アインシュタイン選集２　一般相対性理論および統一場理論』p.58 共立出版（1970）

（19）C. M. Will, “Einstein on the firing line”, *Physics Today* 25 (10), pp.23-29 (1972)

（20）C. W. Misner 他（若野省己訳）『重力理論—古典力学から相対性理論まで、時空の幾何学から宇宙の構造へ』p.1118 丸善出版（2011）
（21）ローワン・ロビンソン（小尾信彌、米山忠幸興、江里口良治訳）『宇宙論（オックスフォード物理学シリーズ15）』pp.75-77 丸善（1980）
（22）『一般相対性理論および統一場理論』p.144
（23）ハッブル（戎崎俊一訳）『銀河の世界』岩波文庫（1999）
（24）A. Einstein & W. de Sitter, "On the relation between the expansion and the mean density of the universe", *Proceedings of the National Academy of Sciences*, 18, pp.213-214（1932）
（25）『宇宙論（オックスフォード物理学シリーズ15）』pp.121-125
（26）S・ワインバーグ（小尾信彌訳）『宇宙創成はじめの三分間』ダイヤモンド社（1977）
（27）A. G. Riess & M. S. Turner, "From Slowdown to Speedup", *Scientific American* 290（2）, pp.62-67（2004）
（28）寺田寅彦『科学者とあたま（寺田寅彦全集　第4巻—随筆4）』p.366 岩波書店（1950）
（29）J. B. Barbour & H. Pfister, Eds., *Mach's Principle: From Newton's Bucket to Quantum Gravity (Einstein Studies, Vol. 6)*, pp.180-187, Birkhäuser（1938）
（30）ジョージ・ガモフ（崎川範行訳）『新版 1, 2, 3 …無限大』p.132 白揚社（2004）
（31）『一般相対性理論および統一場理論』pp.21-32　（32）『一般相対性理論および統一場理論』p.118
（33）F. W. Dyson, A. S. Eddington & C. Davidson, "A determination of the deflection of light by the Sun's gravitational field, from observations made at the total eclipse of May *29, 1919* " *Philosophical Transactions of the Royal Society of London, Series A*, 220, pp.291-333（1920）
（34）酒井邦嘉監修『科学者の頭の中—その理論が生まれた瞬間—』p.21 進研ゼミ高校講座、ベネッセコーポレーション（2007）
（35）『一般相対性理論および統一場理論』pp.106-108
（36）谷川俊太郎『二十億光年の孤独（愛蔵版詩集）』pp.71-73 日本図書センター（2000）
（37）谷川俊太郎（W・I・エリオット、川村和夫訳）『二十億光年の孤独』p.134 集英社文庫（2008）

（38）*The Collected Papers of Albert Einstein*, Vol. 8（*The Berlin Years: Correspondence*, 1914-1918, Part A: 1914-1917）, pp.206-208
（39）『一般相対性理論および統一場理論』pp.115-124
（40）『アインシュタイン―科学者として・人間として』p.117
（41）『一般相対性理論および統一場理論』pp.159-174
（42）B. P. Abbott et al., "Observation of gravitational waves from a binary black hole merger", *Physical Review Letters*, 116, 061102, p.3（2016）
（43）スブラマニアン・チャンドラセカール（豊田彰訳）『真理と美―科学における美意識と動機』pp.259-260 法政大学出版局（1998）
（44）『真理と美―科学における美意識と動機』p.105
（45）S. Chandrasekhar, *The Mathematical Theory of Black Holes*, p.1, Oxford University Press（1983）
（46）A. Pais, *Einstein Lived Here*, Oxford University Press（1994）

最終講　確率論から人間の認識論へ

人間の認識論を語る上で、まず決定論と確率論についての理解を深める必要がある。本講ではまず決定論について考えてから、量子力学の基礎にある確率論を再検討する。また、これまで提案されてきた思考実験に対しても、実験手法が新たに発明されたり、洗練されることによって、次々と検証がなされている。当然のことながら、科学のどんな法則や考え方も、かつて誰かが、人間の直感を正して発見したものなのだ。そうやって私たちに認識された真理は、単純であればあるほど奥が深く、新たな発見の萌芽となる可能性を秘めているのである。人間の科学的認識を手がかりに、認識を支える精神作用や言語能力について考えたい。

心象風景を描く名手マグリット（René Magritte, 1898-1967）は、「目に見えないものは、私たちの眼差しから隠れていることができない」(1)と述べている。この「眼差し」とは認識の力であろう。

世界の認識とは

量子力学に貢献したシュレーディンガー（Erwin Schrödinger, 1887-1961）は、人間の周りの世界について、「世界は、われわれの感覚・知覚・記憶の構成体である[2]」と端的に述べた。つまり、感知し記憶に留めておけないものは、「世界」の対象外なのである。

したがって、自然科学の対象もまた、人間が認識する「世界」に限定される。非平衡熱力学の開拓者だったプリゴジン（Ilya Prigogine, 1917-2003）は、「世界を外側から眺めるのが物理学の目的ではない。むしろ、測定を通して物理的世界が、そこに属するわれわれに、どう見えるかを記述すべきである[3]」と述べた。

つまり、科学が客観的な記述を目指すにしても、世界を内側から見る限りは、「われわれに、どう見えるか」という人間の認識に根差す「主観」からは決して逃れられないのである。むしろ、客観と背中合わせの主観を常に意識しておいた方が、はるかに科学的であろう。それは、「ここに注意すべきことは、近代科学の客観主義は近代の主観主義を単に裏返したものであり、これと双生児であるということである[4]」といった哲学的見方にも呼応する。

自然を見るという人間の主観を、物理の客観といかに両立させるか。この問題は、科学と哲学を別個に考えている限り解決しないだろう。21世紀の物理学は、ニュートンの言う「自然哲学（Philosophiae Naturalis）」（第4講）に回帰する段階に来ているのかもしれない。

ラプラスの魔物

物理の客観の極端な例である「**力学的決定論**」は、ラプラス（Pierre-Simon Laplace, 1749-1827）が1814年に記した次の文章に、端的に表れている。

「与えられた時点において自然を動かしているすべての力と、自然を構成するすべての実在のそれぞれの状況を知っている英知が、なおその上にこれらの資料を解析するだけ広大な力をもつならば、同じ式の中に宇宙で最も大きな天体の運動も、また最も軽い原子の運動をも包括せしめるであろう。この英知にとっては不確かなものは何一つないし、未来も過去と同じように見とおせるであろう。(5)」

自然界の力には、重力はもちろん、気圧や風力などが含まれる。原子や分子を含めるなら、分子間力なども必要だ。これらの力に対する方程式と初期条件がすべて与えられれば、あらゆる物の運動が決定でき、未来が予言できると言う。そうしたことを可能にする「英知」は、後に**ラプラスの魔物**（デーモン）と呼ばれるようになった。

このラプラスの文章のタイトルは、『確率についての哲学的試論』である。決定論が支配している自然現象に対して、なぜ確率論が必要かと言うと、人間の認識が限られているからである。ラプラスはさらに次のように述べている。

「彗星の運動について天文学がわれわれに見せるあの規則正しさが、あらゆる現象についても起こることは疑いない。空気や水蒸気のたった一つの分子がえがく曲線も、惑星の軌道と同じくらい正確に規制されている。われわれが無知だからそこにはちがいがあると思うにすぎない。

確率は一部分はこの無知に、一部分はわれわれの知識に依存する。[6]」

今や、スーパーコンピュータとビッグデータの時代を迎えている。しかし、いかに膨大なメモリーと超並列マシンを駆使したとしても、天文学的な数からなる気体分子の全計算など現実的ではない。さらに、「カオス」と呼ばれる、決定論的だが非線形（方程式が1次以外の項を持つこと）の力学系では、微小な誤差が予測不能な結果を引き起こしうる。したがって、天気予報の降水確率のように、確率論で未来を予測するしか術がないのである。

東野圭吾の小説『ラプラスの魔女』（角川書店、2015年）では、近未来を正確に予測する能力を持った人々が描かれている。雲などから天候の変化を予測する「観天望気」を考えれば、人間の認識能力は計算機を凌ぐことがある。余計な情報をうまく捨象し、未来に関わる本質的な部分だけを抽出することに秀でた人なら、ラプラスの魔物とは異なる方法で未来を見通せるかもしれない。

認識と未来予測

電磁波の研究をして、振動数の単位として名前が知られるヘルツ（Heinrich Hertz, 1857-94）は、ヘルムホルツの弟子であり友人だった。ヘルツの遺著となった『力学原理』の冒頭には、次のように記されている。

「我々の意識的な自然認識の最初の、ある意味で最も重要な課題は、将来の経験を予見する能力を我々に与え、その結果我々の現在の行動をこの先見に適合させ得るようにすることである。認識のこうした課題を解決するための基礎として、我々は常に偶然の観察あるいは意識的な実験によって得た以前の経験を利用する。(7)」

科学の法則は、人間に「将来の経験を予見する能力」を与える。原因から結果を導く因果関係（第2講）がその典型である。さらにその能力は、まだ十分に体系化されていない膨大な経験則によって支えられている。そこに「シャーロック・ホームズ」のような観察力・分析力・推理力が加味されれば、複雑に見える人間の行動すら予測可能だろう。

論理的な思考力を発揮するには、どのデータを棄てどのデータを残すか、という選択の判断が適切でなくてはならない。この選択を誤ると、思考の道筋が変わってしまうからである。その一方で、「木を見て森を見ず」とならないためにも、常に全体を俯瞰しておく必要もある。

これは科学研究に限った事ではない。そうした判断力や思考力は、たとえば車の運転はもちろん、自転車に乗るときにも必要なものだ。広い視野の中から交通標識や道路状況を瞬時に選択して把握し、その一方で不意に人や車が飛び出してくる可能性も想定しておかなければならない。「〜だろう」という自分の経験や思い込みではなく、「〜かもしれない」という未来予測に頼る方がはるかに安全なのである。

未来の予測は、現在のデータから過去を探り当てることと実はほとんど同じである。両者は、原因から結果を予測することと、結果から原因を知ることという、その方向性の違いだけである。もちろん、因果の法則や条件が時と共に変わらないことが前提だ。過去の実際例で自分の想像力を磨いていけば、未来予測のイメージがより確かなものになるだろう。

マクスウェルの魔物

電磁気学や分子運動論に貢献したマクスウェルは、1867年の書簡の中で、とても奇妙な「魔物」を考えた。[8] 図L－1では、左側のA室が低温で、右側のB室が高温である。この魔物は、A室の気体分子の中でより速度の速い分子を選んで、隔壁の穴から隣のB室へ通す。このような魔物は、「マクスウェルの魔物」と呼ばれている。

L－1　マクスウェルの悪魔

温度が高ければ、速度の速い分子の割合が多いから、速度の速い分子が移動することは熱の移動と見なせる。また、分子が穴を通るときに速度が変わらないなら、仕事の出入りはない。なお、気体分子は十分多いため、分子の数が増えることによる効果は無視できる。

すると、仕事を消費することなく低温の物体から高温の物体へ熱が伝わってしまう。これは、そのことを禁じた熱力学第2法則に反するため、パラドックスとなる。もしマクスウェルの魔物の役割を何か物理的な装置で実現できれば、図のように小人の魔物を作る必要はない。

このパラドックスを解決するための第1の可能性は、不確定性原理である。もし魔物が分子の速度を認識できるのなら、不確定性原理によって位置が不定となり、穴を通すことができない。一方、魔物が分子の位置を認識できるのなら、やはり不確定性原理によって速度が不定となり、速度の速い分子を選んで通すことができないことになる。しかし、「穴を通す」代わりに、分子の選別と移動を何か別の方法で実現できるならば、この議論は成り立たなくなる。

第2の可能性は、分子の速度という「情報」を得ると、それ相応のエネルギーが発生するということである。つまり、魔物が得た情報のエネルギーをうまく利用できれば、温度勾配に逆らう「仕事」ができるはずだ。したがって、熱力学第2法則を破ることなく、魔物が実現できるかもしれない。この着想は、シラード（Leo Szilard, 1898-1964）によるものである。(9)

最近になってこのシラードの着想が、日本のグループの巧妙な実験で実証された。(10) 実験では、温度勾配の代わりに静電ポテンシャル（第6講）の勾配を用い、分子の代わりに直径0・3ミクロン程度の粒子（ポリスチレンのビーズ）を使った。この粒子は、周りの溶液の分子と衝突することで回転する。その回転角を顕微鏡と高速カメラで測定して、角度の情報を得た。

この角度がある特定の値まで増えたときにポテンシャルを反転させ、ポテンシャルの勾配に逆らうような回転を続けさせた。その結果、粒子が得たエネルギーは、実際に粒子に与えた仕事を上回っていたのである。これは、観測で得られる回転角という情報が、粒子のエネルギーに転化したと考えられる。

一人暮らしの部屋は、放っておくと乱雑になる一方である。これは部屋が孤立系であることによる、抗えない法則なのだ。この実験のようにマクスウェルの魔物が実現できるなら、散らかった部屋を片付けてくれるのも夢ではないだろう。ただし、そのためには、物品ごとに「どこに片付けるべきか」という情報が得られなくてはならない。そんなラベルを貼るためにエネルギーを掛けるくらいなら、さっさと片付けた方が早そうだ。

シュレーディンガーの猫

魔物が2つ続いた次は、古代より神として崇拝された猫である。量子力学の基礎を築いたシュレーディンガーは、1935年に次のような「思考実験」を発表した[11]。金庫室の中には、微量の放射性物質、ガイガー・カウンター（放射線の検出器）とハンマー、青酸ガスを入れて密封した小瓶、そして「猫」が一匹入れられている。

放射性物質が核分裂で崩壊するのは確率的であり、半分の原子核が分裂するまでの時間を半減期（half-life）と言う。一般の寿命や致死率と同じで、十分時間が経ったからといって、確実に分裂したとは言い切れない。

放射性物質が分裂して発生する放射線が検知されると、自動的にハンマーが作動して小瓶を割るようにセットしてある。小瓶が割れると、中の青酸ガスが金庫室内に充満し、猫は死んでしまう。もちろん猫に罪はなく、シュレーディンガーは「s. v. v.（sit venia verbo, ラテン語で『この話をお許しください』という意味）」と書き添えていた。

量子力学では、粒子の状態（たとえば位置と運動量）に対応する波動関数を仮定して、複数の状態（たとえば複数の位置）の「重ね合わせ」を考える（第2講）。ただし、波動関数は数学的に複素数（実数と虚数〔$\sqrt{-1}$を単位とする数〕を含む）で表されるため、物理的には測定できない虚数を含む値をどのように「解釈」したらよいか問題だった。

そこでボルン（Max Born, 1882-1970）は、波動関数の絶対値の2乗（必ず正の実数になる）が、ある位置に粒子が存在する確率（正確には確率の密度）を表すという解釈を提案した。これが「確率解釈」であり、「ボルンの規則」とも呼ばれる。原子中の電子を雲のような濃淡で表した「電子雲」と呼ばれるモデルでは、濃淡で電子が存在する確率の密度分布を示している。

量子力学の対象となるミクロ（感覚で捉えられないほど小さなサイズ）の世界では、放射性物質の分裂前と後の状態が混ざった形で、確率的に記述される。ところが猫の生死はマクロ（感覚で捉えられるほどのサイズ）の現象だから、生と死の状態が混ざった形の記述は馴染まない。猫は生きているか死んでいるかのどちらかであり、「60パーセント生きていて、40パーセント死んでいる状態」などと記述するのはおかしいからである。実際、金庫室の中を見れば、「直ちに」猫の生死が定まるのだ。

これが「**シュレーディンガーの猫**」と呼ばれるパラドックスである。ミクロの不確定性（第2講）が、猫の生死というマクロの不確定性を左右するのは、どこかおかしいのではないか。シュレーディンガーは、不確定性を含む確率解釈で現実世界を記述することの問題を鋭く突いたのである。

このパラドックスを解決するための第1の可能性は、金庫室の中を見た瞬間に「波束の収縮」が起きて、猫の生死が定まるということだ。波束の収縮とは、観測された位置に波動関数（波束）が定まるという意味である。観測されるまでは、複数の状態（たとえば生きている猫と死んだ猫）が重ね合わされたままだが、観測後には、観測されなかった状態の波動関数が捨てられる。この仮説はコペンハーゲンにいるボーアによって主導されたので、「**コペンハーゲン解釈**」と呼ばれる。

第2の可能性は、エヴェレット（Hue Everett III, 1930-1982）による「**多世界解釈**」である。

エヴェレットは量子力学を擁護する一方で、波束の収縮を持ち出さずに、観測者を含めた量子力学的な状態を提案した。観測対象と観測者は分離できないという「分離不能性」を仮定したのである。[12]

その一方で、金庫室の中を見て猫の生死を確かめること（過程1：観測による不連続な状態変化）と、金庫室内で起きている変化（過程2：孤立系における決定論的で連続な状態変化）は区別された。[13]つまり、波動関数による後者の記述（たとえば猫が生きている状態、あるいは猫が途中で死んでしまう状態）に基づいて、生きている猫を見た人間の世界と、死んだ猫を見た人間の世界が、互いに干渉することなく両立すると考える。しかしそうした「多世界」は干渉しないから、SFのように主人公がパラレルワールドに迷い込むことは起こりえず、したがって多世界が実証される見込みもない。

1996年になって、フランスのアロシュ（Serge Haroche, 1944-）と、アメリカのワインランド（David J. Wineland, 1944-）は、独立して「シュレーディンガーの猫」のモデル実験を行った。ただし、猫の代わりにルビジウム（Rb、原子量86の金属元素）やベリリウム（Be^{+}、原子量9の金属元素）が使われたのは幸いだった。それぞれの原子が持つ2つの状態が、猫の生死に対応すると仮定されている。

これらの原子の大きさは、マクロとミクロの中間（「メゾスコピック」と言う）に当たり、マクロとミクロの両方の性質が現れる。彼らの巧妙な実験により、観測によって確かに「波束の収縮」が生じ、重ね合わせの状態が解消されること（「デコヒーレンス」と言う）が確かめられた。(14) それでアロシュとワインランドは、2012年のノーベル物理学賞を分け合った。猫が転じて「獅子の分け前（lion's share）」となったのだ。

アインシュタインの月

観測によって不連続な状態変化が生じるなら、月が雲に隠れたり地球の裏側にあったり、新月や月食などで月が見えなかったりしたときでも、月は確かにあると言い切れるのだろうか。アインシュタインはそうした議論を疑問視した。

「1950年の頃だった。私はアインシュタインのお伴をして、プリンストン高等研究所から彼の家まで歩いていた。彼は突然立ち止まって私にふり向き、月は君が見ているときにしか存在しないと本当に信じているかね、と尋ねた。私たちは特に形而上学的な会話をしていたわけではない。むしろ量子論を議論していたのであり、特に、物理的な観測という意味で、為しうることと知りうることは何かということを議論していたのである。［中略］

私たちは歩きながら、月について、また無生物が存在するということの表現の意味について語り続けた。(15)」

人間が観測するかどうかにかかわらず、月が確かに「存在する」と考える根拠は、月が一定の楕円軌道上を回っていて、必ず予想通りの位置に現れるからである。その一方で、月が見ていない間に彗星が月に衝突するなどして月がなくなってしまうという可能性はゼロではない。

「コペンハーゲン解釈」によると、月を見ているときにだけ、月の状態を表す波束が収束して存在することになる。これに対してアインシュタインは、「分離不能性」を否定して、人間による観測に関係なく世界が存在するという考えを変えなかった。観測できるもののみを対象とするという極端な立場を取る量子力学に対して、アインシュタインは正面から異議を唱えたのである。

ボーアとの度重なる論争を通して、アインシュタインは一貫して量子力学の確率論的解釈を批判した。アインシュタインは、「神様はサイコロを振らない」と繰り返し述べているが、その典型的なものを紹介しよう。

「量子力学は確かに立派です。しかし、私の内なる声はそれがまだ本物でないと告げるのです。その理論は多くの成果がありますが、決して悪魔［the Old One］の秘密に近づけてはくれません。とにかく、神［He］はサイコロを振らないと私は確信しています。」[16]

EPRパラドックス

アインシュタインは、1935年にポドルスキー（Boris Podolsky, 1896-1966）とローゼン（Nathan Rosen, 1909-1995）との共著論文を書いて、量子力学の基礎に関わる次のような問題点を明らかにした。[17] この問題提起は、3人の名前の頭文字を合わせて、「EPRパラドックス」と呼ばれる。論文では次の2つの命題が提示されている。

①量子力学の波動関数による実在性の記述は、完全ではない。
②共役な2つの物理量は、同時に実在性を持ちえない。

①はボルンによる「確率解釈」や「コペンハーゲン解釈」が不完全であるという命題である。「**実在性**」とは、原理的にすべての物理量の正確な値が求められるということであり、月が常に存在するというアインシュタインの信念でもある。ある位置に粒子が存在するかど

うかを波動関数で確率的に記述するのは不完全だ、とするのが①だ。

②は量子力学の根幹となる不確定性原理（第2講）を要約した命題であり、不確定性は「非実在性」を意味する。「共役な物理量」とは、不確定性原理の対象となる物理量のペアで、たとえば「位置と運動量」や「時間とエネルギー」がある。1つの粒子について、ペアの正確な値を同時に求めることはできない、とするのが②だ。

離れた場所に2つの粒子AとBがあって、全運動量がゼロで一定に保たれるとする。たとえば、2粒子が両者間の内力だけで運動する場合である（第4講）。粒子Aの運動量 p と、粒子Bの位置を、十分高い精度で同時に計測したとしよう。

粒子Bの運動量は、全運動量から粒子Aの運動量（観測値 p）を差し引いた値、すなわち $-p$（粒子Aと逆方向で大きさは同じ）だと求まる。すると、粒子Bの位置は計測から得られているので、粒子Bでは位置と運動量の両方が同時に定まることになる。この「実在性」は②と矛盾する。

要するに、①は量子力学の否定で、②は量子力学の肯定だから、①と②の一方だけが真で、もう一方が偽とならなくてはならない。アインシュタインらは、2粒子の例で②が偽となることを示し、したがって①が真であると結論した。

非局所性と量子もつれ

ある物体や物理量の与える影響が、時間を決めれば特定の場所に限られることを「局所性」と言う。たとえば、火星人が噂話をした瞬間に地球人がくしゃみをすることはありえない。それは、噂話が局所的だからである。たとえ火星人がSNS（ソーシャルネットワーキングサービス）を使えたとしても、光速を超えて伝えることはできないのだ（火星と地球の位置関係で距離が変わり、光速で3～22分かかる）。つまり、局所性がある限り、他の場所へ瞬間的に影響を与えることは不可能である。

一方、粒子がその波動性のために局在しないなら、離れた場所にも同時に影響を与える。そうした性質を、「非局所性」と言う。第2講で紹介した「光子の裁判」で、「私は二つの窓の両方を一緒に通って室内に入ったのです」という不思議な証言があったが、これが非局所性の例である。

抽象的な概念が続いたので、一度整理しておこう。実在性、非実在性は、局所性、非局所性と独立した性質である。したがって、①実在性・局所性、②実在性・非局所性、③非実在性・局所性、④非実在性・非局所性という4通りの可能性が考えられる。マクロの世界では、①実在性・局所性が成り立つことが経験的に正しいと考えられる。問題は、ミクロの世界で4つの可能性のどれが正しいかである。

EPRパラドックスの例では、粒子Bの位置の計測が局所的に行われ、粒子Aに影響を与えることはなかった。すなわち、ミクロの世界の局所性は、量子力学の不確定性、すなわち「非実在性」と両立し得ない。言い換えれば、量子力学で③非実在性・局所性の可能性を否定したことが、EPRパラドックスの本質であった。

シュレーディンガーはEPRパラドックスを擁護する一方で、次のような重要な可能性を指摘した。2つの粒子の波動関数がそれぞれ空間的に無限に広がっているとするならば、両者がもつれる（entangled）ことで、個々の状態に分離できない場合があるというのだ[18]。この奇妙な現象は、「**量子もつれ**（quantum entanglement）」と呼ばれるようになった。

EPRパラドックスの例では、全運動量がゼロだと決まっているため、粒子Aの運動量から粒子Bの運動量が直ちに定まったことを思い出そう。それと同様に、量子もつれの関係にある2つの粒子は、たとえ離れた場所にあったとしても、一方の物理量の計測から他方の物理量が「瞬時に」確定する。したがって、量子もつれは非局所性を持つのである。量子もつれが2粒子で実際に生じることは、レーザー光（1つの波長で位相の揃った光）を使った実験で証明されている[19]。

2粒子の量子もつれ（非局所性）は、1粒子の不確定性（非実在性）と矛盾しないため、量子力学では④非実在性・非局所性が成り立つと考えられている。それでも、量子力学の

「非実在性」は依然として証明されておらず、1970年代までは①実在性・局所性または②実在性・非局所性の可能性が残っていた。

量子力学の基礎をめぐって

EPRパラドックスに刺激を受けたベル（John Stewart Bell, 1928-1990）は、さらに一歩議論を進めて、実在性と局所性が相容れないことを示した。[20] この「ベルの定理」によって、実証できる予想が理論的に示されたことが大きかった。レーザー光などの実験技術の進歩によって、ベルの定理を確かめる実験が可能になり、量子力学の基礎をめぐる問題は、思考実験から実証的な対象へと変わったのである。

1982年になって、この流れを受け継いだアスペ（Alain Aspect, 1947-）は、①実在性・局所性の可能性（局所実在性）を否定する実験結果を得た。[21] また、3つの粒子の量子もつれを考えれば、量子力学は局所実在性を否定することが示される。[22] その後の実験の大半は量子力学を支持しているが、まだ決定的とは言い難い。

量子力学は完全なのか？

量子論の基礎を築いたアインシュタインは、量子力学の基礎を批判することで、多くの物理学者から離反し、孤立を深めた。しかし、科学は多数決で決まるわけではないから、決して少数派の考え方が間違っていることにはならない。他の分野でも全く同じで、時流に乗った多数派の研究の方向が間違っているということがよくある。それでも大多数の科学者は、日和見で大勢に従い、群集心理と同じ傾向を示すものだ。

将来もし量子力学の非実在性（④非実在性・非局所性）が否定されれば、「実在性」を堅持したアインシュタインの信念は正しかったことになる。そして②実在性・非局所性という最後の可能性によって、「量子もつれ」とも矛盾しない結論が得られる。実際ベルは、次のように厳しい予言をしている。

「とにかく量子力学的な記述は、乗り越えられることと思われる。それについては、人間によって作られるすべての理論と変わらない。しかし尋常でないほど、その究極の運命はその内部構造から明らかである。それ［量子力学的な記述］は、それ自体の破壊の種を抱えているのだ。[23]」

量子力学の開拓に貢献したディラックも、物理学が決定論に回帰すると考えていたのは興味深い。

「現在の量子力学に従えば、ボーアを首領とする確率解釈が正しい解釈だということになります。とは言うものの、やはりアインシュタインも良い点をついていました。アインシュタインは、彼の表現によれば、善良なる神はさいころ遊びをしないと信じていました。つまり、彼は基本的に物理学は決定論的な性格を持つべきだと信じていたのです。私は、最終的にはアインシュタインが正しいことになると思います。量子力学の現在の形を最終的な形と考えるべきでないからです。[24]」

現在の量子力学は実効的には完全かもしれないが、「最終的な形」ではない。このことを理由に量子力学を学ぶことに抵抗を感じるとしたら、それは誤解である。ある本の著者は、「量子力学は、私たちが世界に対して持っている力学的描像に混乱を与えるが、そうした混乱があるからこそ、新たな問題はどれも楽しく感じられる[25]」と述べている。

たとえばニュートンの理論は、相対論が現れてから価値が下がったのではなく、むしろ輝きが増したと言える。それは、『自然哲学の数学的原理』の主要な考え方の解説をファインマン[26]やチャンドラセカール[27]がしていることからも明らかだろう。

科学の優れた仕事は、芸術作品と同様に常に発展していく啓発的なものなのである。

宇宙原理と人間原理

ここでミクロの世界からマクロの世界に戻ろう。「宇宙原理」とは、銀河以上の十分大きなスケールで、宇宙が一様かつ等方的だとする原理である（第8講）。これは観測的にも妥当であり、人間などの観測者に関係しない宇宙観である。天文学では、天動説から地動説に代わったように、人間や地球などが特別な存在だという考えは、次々と捨て去られていった。太陽系は銀河系の中心にあるわけでもなく、我々の銀河系も宇宙の中心にあるわけではない。しかも宇宙は一様で等方的だから、そもそも特別な場所や方向が存在しないのだ。

これに対し「人間原理」とは、人間などの知的生命体が物理法則自体に関係するという仮定である。狭い意味での人間原理は、物理法則が知的生命体の存在と矛盾してはならないことを要請する。これは科学的な議論である。

一方、広い意味での人間原理は、宇宙の可能なモデルを絞り込むための理由づけとして用いられる。しかし、「人間が生まれるように、宇宙はなるべくしてなった」とか、「人間に理解できるように宇宙が進化した」といった説を、人間の存在によって裏付けようとするのは、この世で最大の大風呂敷であろう。そもそも知的生命体の存在が宇宙の構造を決めるというのは、危険な循環論法である。

地動説以来の近代科学と現代科学は、広義の人間原理に対して否定的である。人間の認識は、あくまで限定的な能力だと考えなくてはならない。人間は神ではないのである。

人間の認識とは

それでは、人間は自然法則の存在をなぜ認識できるのだろうか。人間の認識を究明する哲学が、**認識論**（epistemology）である。ここでは、認識論の発展の上で歴史的に重要な節目となった、**カント**（Immanuel Kant, 1724-1804）の考え方を紹介するのにとどめる。カントが1781年に著した『純粋理性批判』の第2部「超越論的論理学」の冒頭には、次のように記されている。

「われわれ人間の認識は、心の二つの源泉から生ずる。一つは表象を受け取る能力（印象に対する受容性）であり、一つはこれらの表象によってある対象を認識する能力（概念を生み出す自発性）である。前者によってわれわれに対象が与えられ、後者によって対象は（心をたんに限定したにすぎない）その表象と関連づけられ思考される。したがって直観と概念はわれわれのあらゆる認識の構成要素であり、なんらかの仕方でみずからに対応する直観を持たない概念も、概念を持たない直観も、認識をもたらすことはできない。直観も概念も、純粋であるか経験的であるかである。それらのうちに（対象が実際に存在することを前提とする）感覚が含まれている場合は経験的であるが、表象のうちにどんな感覚も混じっていない場合は純粋である。感覚は、感性的認識の素材と呼んでもよかろう。したがって純粋な直観は、そのものとで何かが直観される形式を含むだけであり、純粋な概念は対象全般を考える形式を含むだけである。ア・プリオリに可能なのは純粋な直観や純粋な概念だけであり、経験的な直観や概念はア・ポステオリにだけ可能なのである。[28]」

ここには、脳科学でもまだ十分に解明されていない認識の問題に対して、カントによる明晰な整理が行われている。

まず、認識に関わる心には、2方向のメカニズムがある。一方は、外界からの感覚を通して脳の認知に至る、**ボトムアップ**（下から上へ）の過程である。他方は、脳の思考力や想像力を通して知覚と照合される、**トップダウン**（上から下へ）の過程である。前者は直感から概念への道であり、後者は概念から直感への道であって、それぞれ分けることのできない流れとなっている。

なお、たとえば赤いリンゴのように、外界にあって認識されるものが「対象」である。一方、リンゴの色や形のように、脳で認識されたものが「表象」や「印象」となる。ボトムアップの過程は受動的で、自動的に注意を喚起する。同時に、トップダウンの過程は能動的であり、たとえば「おいしそうなリンゴ」という思考や概念につながる。

次に説明される「経験的」と「純粋」は、感覚や経験が混じっているか否かで区別され、どちらも直感と概念の両方に適用される。そして、「純粋」は**ア・プリオリ**（a priori）に、「経験的」は**ア・ポステオリ**（a posteriori）に対応する。ア・プリオリは、空間や時間のように、経験に先立つ（先験的）ものである。逆にア・ポステオリは、経験を基礎として成り立つものである。

したがって「純粋理性」は、ア・プリオリな認識ということになる。カントは、経験を超越する対象（物自体）は考えうるものとして認めながらも、それを認識するのは不可能だとして「純粋理性」を批判し、あらゆるものの存在を考察しようとする「**存在論**（ontoloty）」を否定した。

一方、存在論を含む形而上学は、感覚を超えた世界が実在するとした。カント以降、存在論と形而上学は新たな形で復興し、近代（19世紀から20世紀初めまで）と現代の実存主義などにつながっていった。認識論がカントの時代に重視された背景には、中世（16世紀まで）の神学や宗教観と、近世（16世紀から18世紀まで）の人間性解放（ルネサンス）があった。神や自然の客観と、人間の主観が鋭く対立した中で、存在論と認識論が対比されたのである。カントの思想は、さらに同時代の芸術家、たとえばベートーヴェンなどに深い影響を与えている。

以上のまとめとして、カントとアインシュタインのよく似た言葉を紹介しよう。

カント「内容を伴わない思考は空虚であり、概念を伴わない直観は盲目なのである。[29]」

アインシュタイン「宗教を伴わない科学は不具であり、科学を伴わない宗教は盲目なのである。[30]」

科学を人間の認識や思考（主観）と捉え、宗教を神や自然の実在（客観）と見なすならば、認識論と存在論が分かれて対立するままでは、真の問題の解決には至らないのだろう。

認識と言語

人間に限らず他の動物の脳にも、認識のボトムアップとトップダウンの2つの過程が組み込まれているが、その「トップ」が極めて高いレベルまで引き上げられたのが人間だと言える。それは、言語による思考や想像の意識化ができるようになったためであろう。実際、「自分が考えているということが自分で分かる」といった思考の構造化ができるのは、人間に限られる。

研究者も含めて多くの人が誤解しているように、言語は人間が作ったものでもなければ、「進化」の産物でもない。生物の進化で適応した種だけが生き残る淘汰《とうた》のことを「選択圧」と言うが、言語に対する選択圧の影響はほとんどゼロである。言語は、人間の脳の生物学的な特性という「自然法則」に従って生み出されるのだ。チョムスキーは次のように述べている。

「あるわずかな変化、脳内のわずかな再配線があったことは間違いなく、その再配線によって言語のシステムがどうにかして作り出されたということを意味しています。そこに選択圧は存在しません。ですから、言語の設計は完璧であったのでしょう。それはただ自然法則に従って起こったことなのです。(31)」

人間の思考の根本にある言語が自然法則に従うなら、人間の認識もまた、その根本は自然法則に従うと考えてよいのではないだろうか。

認識と世界の関係

人間の心という現象は、基本的に一元論で考える。それは、言語や思考、そして認識を、あくまで自然現象の一部として説明する立場でもある。

図L‐2は、生命が物質の世界の一部であり、心が生命現象の一部であることを表している。すべては、物質の世界によって支えられていると考えるのだ。図L‐3は、心が脳機能の一部であり、言語が心の働きの一部であることを示している。言葉で言い表せるのは、心のごくわずかな一部分である。

次に、数学や物理と、認識の関係を考えてみよう。図L‐4左のように、物理世界は一部の数学を使って記述できるので、数学世界の一部である。また、心は物質の世界の一部だったから、心の一部である認識世界も物理世界の一部ということになるだろう。

そうすると、人間には物理世界の外に広がる数学世界（図でXを付けた部分）は認識できないことになる。これは明らかにおかしい。そこで図L‐4右のように、認識世界が数学世界までは見出していると考えなくてはならなくなるが、それでは物理世界を逸脱することになり、上図の説明を修正する必要が出てくる。この問題を「認識のパラドックス」と呼ぼう。

認識世界には、物理の「観測」や、数学が「分かる」ということが含まれる。どちらも難

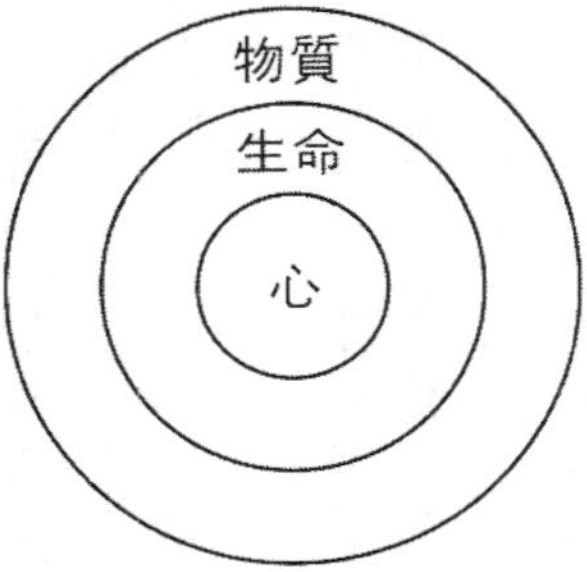

L－2　文献(32)より

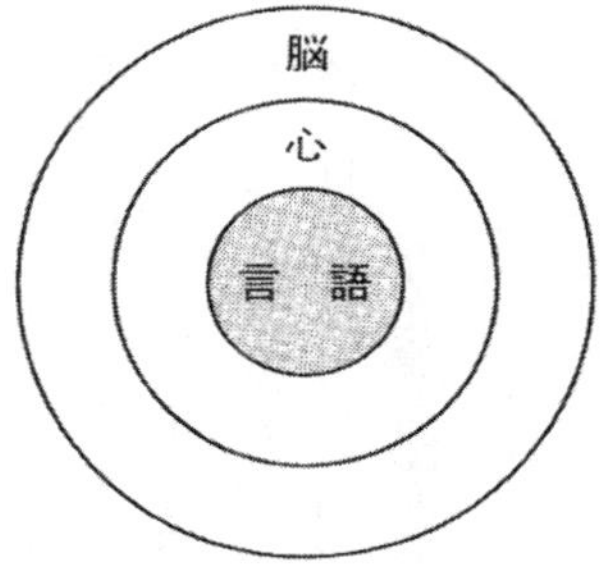

L－3　文献(33)より

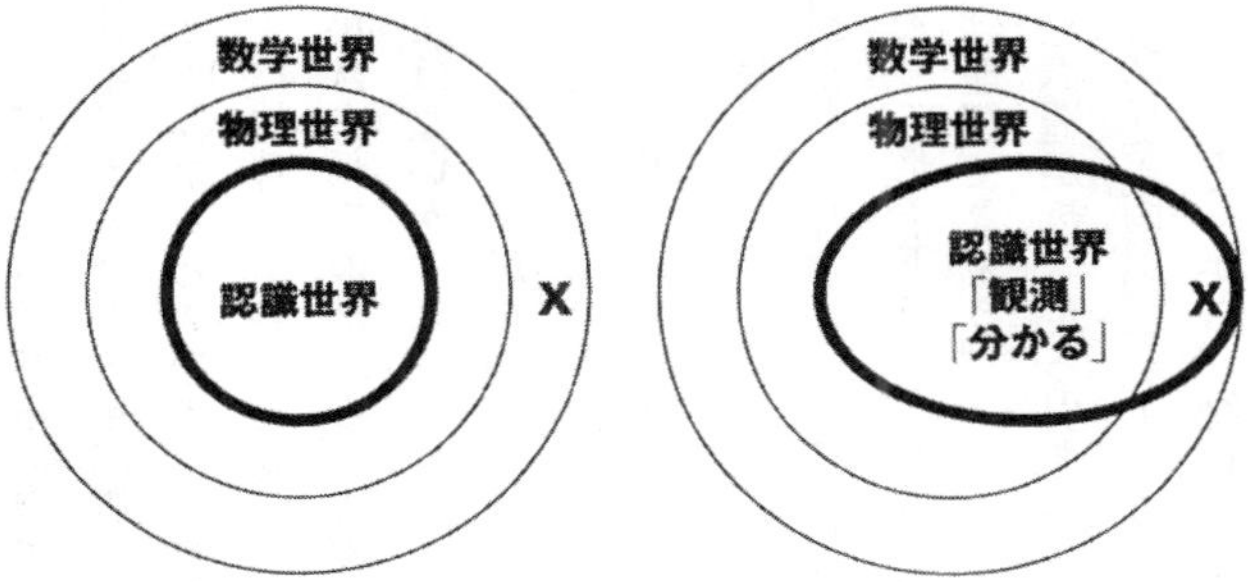

L－4　文献(34)より

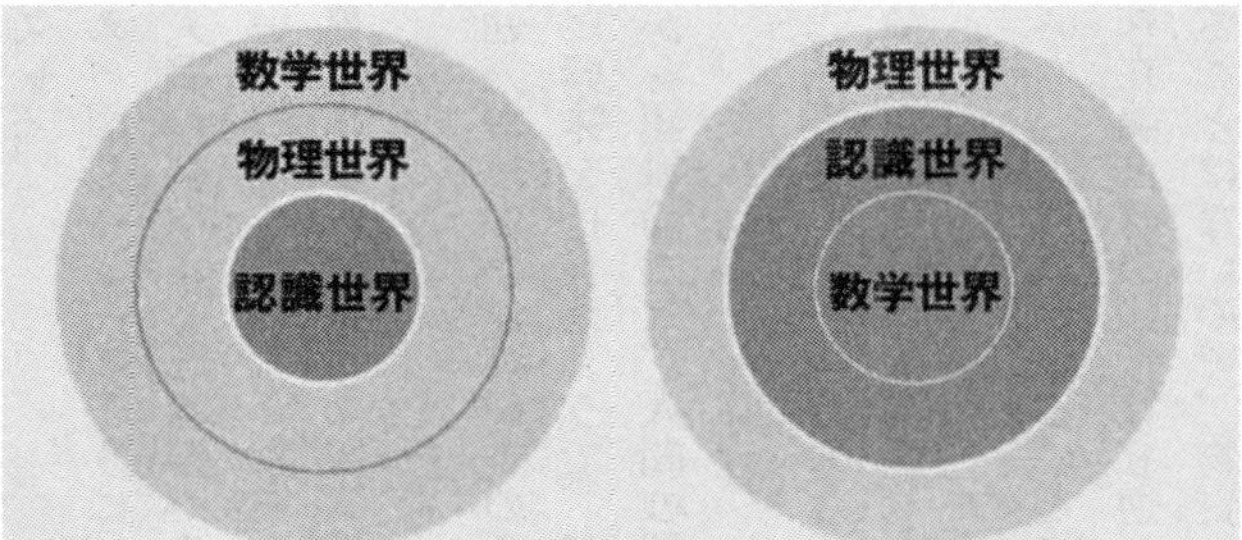

L－5　文献(35)より

しい認識の問題であり、認識のパラドックスをさらに複雑にしている。

図L－5左によって生じる認識のパラドックスを回避するため、図L－5右のように、数学世界が認識世界の一部だと考えてみたことがあった。数学は人間の脳による思考力が生みだした創造物であり、芸術のように特殊な1分野を成すと見なせば良いのではないだろうか。認識世界には現実離れした空想が含まれるのだから、現実の世界を超越した特殊な数学世界が認識世界に含まれても良いのではないか。

以上のような図式化は他に見かけたことがなかったのだが、知人からいただいた本の中に、次の図L－6を偶然見つけて驚いた。この本の著者も同じ問題に興味を持ったようで、存在論の「人間」を心や言語に置き換えれば、同じ発想である。しかも認識論では、人間の認識世界を広げているところも同様である。

さらにこの認識論では、物質世界（物理世界）と生物世界も逆転させている。たとえば「錯覚」という脳の現象を考えれば、物質世界では起こらない認識が、人間や他の生物に生じるわけだから、この図の関係は理解できよう。

ただし、存在論と認識論の対立構造が哲学から引き継がれている点が気にかかる。人間・生物・物質という順序関係（包含関係や階層関係とも言う）が、存在論と認識論でなぜ逆転するのか、という説明ができていない。それから、物質が認識することはないので、物質世界と数学世界の関係は認識論で扱えないことになる。

そこで本書では、図L－7のような認識論を新たに提案したい。人間の認識世界の中に、すべての存在世界がその構造を保ったまま含まれる。認識は確かに心の働きだが、認識によって得られる世界は、空想による架空の世界を含めて一番外側に広がっていると考える。数学世界・物理世界・生物世界の階層性が維持されるので、認識のパラドックスを回避しながら、世界の多重性が説明できる。数学世界の内部は、すべて人間の「**科学的認識**」であると

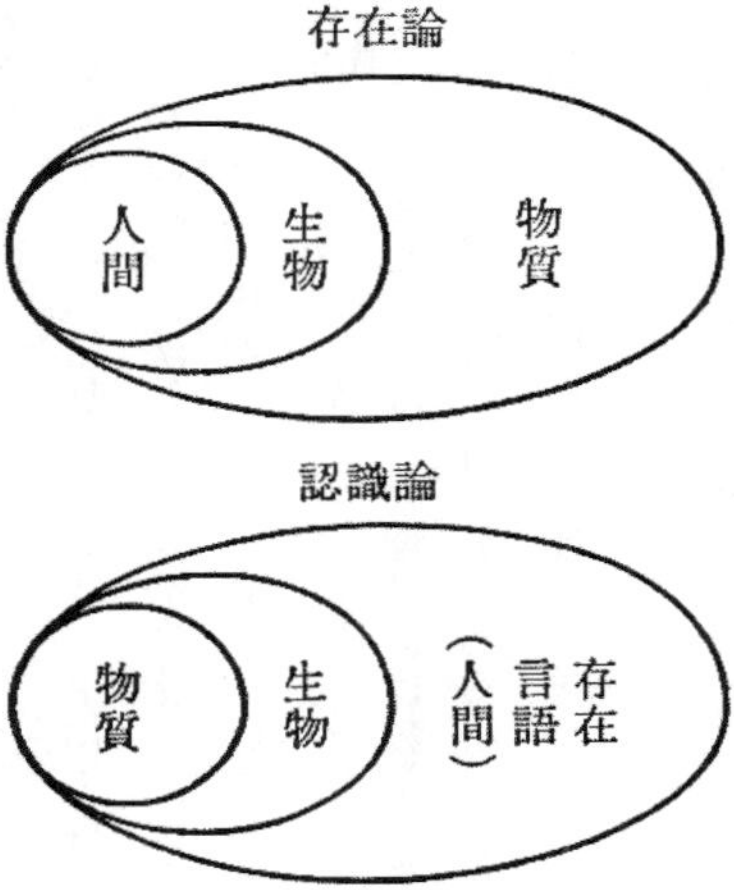

L－6　文献（36）より

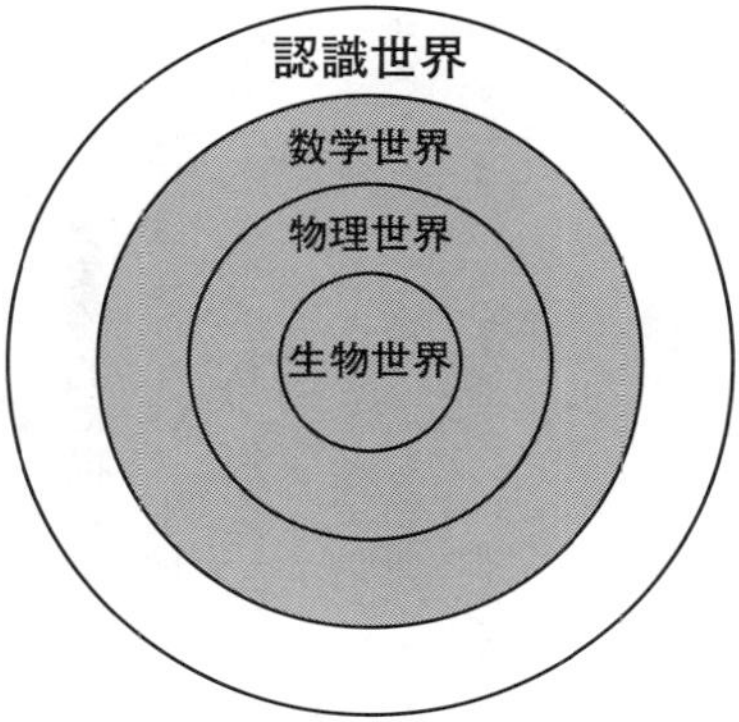

L－7　新しい認識論

考えればよい。

前に挙げた「錯覚」の例は、生物に特有の認識として現象論的に捉えるのではなく、あくまで神経細胞に関わる物質的変化の一部と見なさなくてはならない。生物システムという独特な世界は、代謝や発生・発達という生命現象はもちろん、感覚・知覚や認識においても、物理世界の中で一定の「世界」を成しているのだ。

この図式によれば、物理学には数学が必須であること、生物学にも物理学や数学が必要であることは、同時に明らかである。そして自然科学のすべてを支えているのが、言語能力に裏打ちされた人間の認識能力だということになる。

科学とは「説明」の努力をささげること

科学という考え方を、物理の歴史と共にたどってきた本書の結論は、極めて単純だ。それは、自然の不思議な現象を「説明」するために、身を擲《なげう》って努力し続けるということに尽きる。周りの無理解、冷淡さ、妨害、そして自分の怠惰や慢心に打ち克って、科学の探究ができる人は極めて少ないだろう。しかし、その少数の人に対して敬意を払い、その知性の産物を味わうことは、もう少し多くの人ができるのではないか。哲学者のポランニー（Michael Polanyi, 1891-1976）は、次のように書いている。

「そうした知を保持するのは、発見されるべき何かが必ず存在するという信念に、心底打ち込むということだ。それは、その認識を保持する人間の個性（パーソナリティ）を巻き込んでいるという意味合いにおいて、また、おしなべて孤独な営みであるという意味合いにおいて、個人的（パーソナル）な行為である。[37]」

そうした、火あぶりを覚悟で学問の境界を広げる挑戦は、芸術の挑戦と全く同じである。[38]たとえ科学的に宇宙や物質の研究をしたとしても、究極には人間という存在を認識し理解することにつながるだろう。イギリスの詩人ポープ（Alexander Pope, 1688-1744）は、「人間のなすべき研究は人である[39]」と極めて端的に記している。

大切なのは科学の実用上の成果より、「科学者」の生み出す考え方だと言えよう。本書で科学者について伝えたかったことの核心は、アインシュタインの次の文章が雄弁に表している。

「世界の構造の合理性に寄せる、なんという深い信頼、あくまで納得を求める、なんという憧れ、たとえこの世界に示現されている理性の一つのかすかな閃光にすぎないにしても、この種の感情がケプラーやニュートンの体内では脈々と生きていたに違いない。その結果これらの人々は長年にわたる孤独な仕事において天体の力学のメカニズムを解き明かすことができたのである［！］。懐疑的な同時代の人々にとり囲まれながら、地球上のいろいろな地域にわたって散在し歴史上の各世紀を通じて散見される同志の人たちに道を指し示してきたこれらの人々の精神状態というものは、科学的研究の大筋をその実用上の成果を通じてのみ知っている人々によっては、全く間違ったふうに理解されるということになりがちなものである。その生涯を同様な目的に捧げている人だけが、これらの人々を鼓舞し彼らに数限りない失敗にもめげずその目的に終始忠実でありうる力を与えてきたものについての、生き生きとした観念を抱きうるのである。(40)」

そこで本書をアインシュタインの次の言葉で結びたい。高校生のときに出会って以来、この言葉は常に私の指針だった。

「私にとって十分なのは次のような思想である。すなわち、生命の永遠性の神秘と、存在するもののもつ驚くべき構造の意識と予感、さらに自然において自己を顕示している理性の一部――たとえ、きわめて微小な部分にすぎなくとも――の理解を目指す献身的努力である[41]。」

★最終講　引用文献

（1）南雄介、福満葉子『もっと知りたいマグリット―生涯と作品』p.61 東京美術（2015）

（2）E. Schrödinger, *Mind and Matter*, p.1 Cambridge University Press（1958）

（3）I・プリゴジン（小出昭一郎、安孫子誠也訳）『存在から発展へ―物理科学における時間と多様性』p.56 みすず書房（1984）

（4）三木清『人生論ノート』pp. 96-97 新潮文庫（1954）

（5）ラプラス（樋口順四郎訳）『確率についての哲学的試論（世界の名著79―現代の科学1）』p.164 中央公論社（1979）

（6）『確率についての哲学的試論』p.166

（7）ヘルツ（上川友好訳）『力学原理』p.21 東海大学出版会（1974）

（8）James Clerk Maxwell（Ed. by P. M. Harman）, *The Scientific Letters and Papers of James Clerk Maxwell*, Vol. II（1862-1873）, pp.331-332, Cambridge University Press（1995）

（9）L. Szilard, "Über die Entropieverminderung in einem thermodynamischen System bei Eingriffen intelligenter Wesen", *Zeitschrift für Physik*, 53, pp.840-856（1929）

（10）S. Toyabe, et al., *Nature Physics*, 6, pp.988-992（2010）

（11）E. Schrödinger, "Die gegenwärtige Situation in der Quantenmechanik", *Naturwissenschaften* 23, p.812（1935）

（12）和田純夫『量子力学が語る世界像―重なり合う複数の過去と未来』pp.162-168 講談社ブルーバックス（1994）

（13）H. Everett, "'Relative state' formulation of quantum mechanics", *Reviews of Modern Physics* 29, pp. 454-460（1957）

（14）S. Haroche III, "Entanglement, Decoherence and the Quantum/Classical Boundary", *Physics Today* 51（7）36-42（1998）

（15）アブラハム・パイス（西島和彦監訳、金子務他訳）『神は老獪にして…―アインシュタインの人と学問』p.3 産業図書（1987）

（16）A. Einstein（collected & edited by A. Calaprice）, *The Ultimate Quotable Einstein*, p.380, Princeton University Press（2011）

（17）A. Einstein, B. Podolsky and N. Rosen, "Can quantum-mechanical description of physical reality be considered complete?", *Physical Review* 47, pp.777-780（1935）
（18）E. Schrödinger, "Discussion of probability relations between separated systems", *Mathematical Proceedings of the Cambridge Philosophical Society* 31, pp.555-563（1935）
（19）古澤明『量子もつれとは何か―「不確定性原理」と複数の量子を扱う量子力学』pp.134-143 講談社ブルーバックス（2011）
（20）J. S. Bell, "On the Einstein Podolsky Rosen paradox", *Physics* 1, pp.195-200（1964）
（21）A. Aspect, P. Grangier, G. Roger, "Experimental realization of Einstein-Podolsky-Rosen-Bohm Gedankenexperiment: A new violation of Bell's inequalities", *Physical Review Letters* 49, pp.91-94（1982）
（22）アンドリュー・ウィテイカー（和田純夫訳）『アインシュタインのパラドックス―EPR問題とベルの定理』pp.189-191 岩波書店（2014）
（23）J. S. Bell, *Speakable and Unspeakable in Quantum Mechanics*, Second Edition, p.27, Cambridge University Press（2004）
（24）P・A・M・ディラック（岡村浩訳）『ディラック現代物理学講義』p.33 ちくま学芸文庫（2008）
（25）ジョージ・グリーンスタイン、アーサー・G・ザイアンツ（森弘之訳）『量子論が試されるとき―画期的な実験で基本原理の未解決問題に挑む』p.9 みすず書房（2014）
（26）D. L. Goodstein & J. R. Goodstein, *Feynman's Lost Lecture: The Motion of Planets Around the Sun*, W. W. Norton（1996）
（27）S. Chandrasekhar, *Newton's* Principia *for the Common Reader*, Clarendon Press（1995）
（28）イマヌエル・カント（宇都宮芳明他訳）『純粋理性批判　上』pp.113-114 以文社（2004）
（29）『純粋理性批判　上』p.114
（30）A. Einstein, *Ideas and Opinions*, p.46 Crown Publishers（1954）
（31）ノーム・チョムスキー（福井直樹、辻子美保子編訳）『我々はどのような生き物なのか―ソフィア・レクチャーズ』p.32 岩波書店（2015）
（32）酒井邦嘉『心にいどむ認知脳科学』p.4 岩波科学ライブラリー（1997）
（33）酒井邦嘉『言語の脳科学―脳はどのようにことばを生みだすか』p.9 中公新書（2002）

（34）酒井邦嘉『科学者という仕事―独創性はどのように生まれるか』p.75 中公新書（2006）
（35）『哲学の歴史　別巻―哲学と哲学史』p.299 中央公論新社（2008）
（36）榊原陽『ことばを歌え！　こどもたち・増補版』p.205 筑摩書房（1989）
（37）マイケル・ポランニー（高橋勇夫訳）『暗黙知の次元』pp.51-52 ちくま学芸文庫（2003）
（38）酒井邦嘉、曽我大介、羽生善治、前田知洋、千住博「創造的な能力とは―『芸術を創る脳』をめぐって」*UP*（University Press）43（7）, No. 501, pp.1-18 東京大学出版会（2014）
（39）A. Pope, *Essay on Man & Other Poems*, p.53 Dover（1994）
（40）アインシュタイン（井上健、中村誠太郎編訳）『アインシュタイン選集3　アインシュタインとその思想』pp.61-62 共立出版（1972）
（41）『アインシュタイン選集3　アインシュタインとその思想』p.24

索　引

索　引

索　引

特に詳しい説明のあるページは太字とした

酒井邦嘉（さかい・くによし）

1964年（昭和39年），東京に生まれる．87年，東京大学理学部物理学科卒業．92年，同大大学院理学系研究科博士課程修了．理学博士．同年，同大医学部助手．95年，ハーバード大学医学部リサーチフェロー．MIT 言語・哲学科客員研究員を経て，現在，東京大学大学院総合文化研究科教授，同理学系研究科物理学専攻教授兼任．第56回毎日出版文化賞，第19回塚原仲晃記念賞受賞．

著書『言語の脳科学』『科学者という仕事』（中公新書）
『脳の言語地図』『ことばの冒険』『こころの冒険』
『脳の冒険』（明治書院）
『脳を創る読書』『考える教室』（実業之日本社）
『芸術を創る脳』『高校数学でわかるアインシュタイン』（東京大学出版会）
など

URL http://mind.c.u-tokyo.ac.jp/index-j.html

科学《か がく》という考《かんが》え方《かた》
中公新書 2375

2016年 5 月25日発行

著　者　酒 井 邦 嘉
発行者　大 橋 善 光

本 文 印 刷　三 晃 印 刷
カバー印刷　大熊整美堂
製　　　本　小 泉 製 本

発行所　中央公論新社
〒100-8152
東京都千代田区大手町 1-7-1
電話　販売 03-5299-1730
　　　編集 03-5299-1830
URL http://www.chuko.co.jp/

Published by CHUOKORON-SHINSHA，INC.
Printed in Japan　ISBN978-4-12-102375-9 C1240

中公新書刊行のことば

いまからちょうど五世紀まえ、グーテンベルクが近代印刷術を発明したとき、書物の大量生産は潜在的可能性を獲得し、いまからちょうど一世紀まえ、世界のおもな文明国で義務教育制度が採用されたとき、書物の大量需要の潜在性が形成された。この二つの潜在性がはげしく現実化したのが現代である。

いまや、書物によって視野を拡大し、変りゆく世界に豊かに対応しようとする強い要求を私たちは抑えることができない。この要求にこたえる義務を、今日の書物は背負っている。だが、その義務は、たんに専門的知識の通俗化をはかることによって果たされるものでもなく、通俗的好奇心にうったえて、いたずらに発行部数の巨大さを誇ることによって果たされるものでもない。現代を真摯に生きようとする読者に、真に知るに価いする知識だけを選びだして提供すること、これが中公新書の最大の目標である。

私たちは、知識として錯覚しているものによってしばしば動かされ、裏切られる。私たちは、作為によってあたえられた知識のうえに生きることがあまりに多く、ゆるぎない事実を通して思索することがあまりにすくない。中公新書が、その一貫した特色として自らに課すものは、この事実のみの持つ無条件の説得力を発揮させることである。現代にあらたな意味を投げかけるべく待機している過去の歴史的事実もまた、中公新書によって数多く発掘されるであろう。

中公新書は、現代を自らの眼で見つめようとする、逞しい知的な読者の活力となることを欲している。

一九六二年一一月

中公新書

哲学・思想

- 1 日本の名著（改版） 桑原武夫編
- 2113 近代哲学の名著 熊野純彦編
- 1999 現代哲学の名著 熊野純彦編
- 2187 物語 哲学の歴史 伊藤邦武
- 2288 フランクフルト学派 細見和之
- 2300 フランス現代思想史 岡本裕一朗
- 2036 日本哲学小史 熊野純彦編著
- 832 外国人による日本論の名著 佐伯彰一・芳賀徹編
- 1696 日本文化論の系譜 大久保喬樹
- 2243 武士道の名著 山本博文
- 312 徳川思想小史 源了圓
- 2097 江戸の思想史 田尻祐一郎
- 2276 本居宣長 田中康二
- 1989 諸子百家 湯浅邦弘
- 2153 論語 湯浅邦弘
- 36 荘子 福永光司
- 1695 韓非子 冨谷至
- 1120 中国思想を考える 金谷治
- 2042 菜根譚 湯浅邦弘
- 2220 言語学の教室 西村義樹・野矢茂樹
- 1862 入門！論理学 野矢茂樹
- 448 詭弁論理学 野崎昭弘
- 593 逆説論理学 野崎昭弘
- 2087 フランス的思考 石井洋二郎
- 1939 ニーチェ ツァラトゥストラの謎 村井則夫
- 2257 ハンナ・アーレント 矢野久美子
- 2339 ロラン・バルト 石川美子
- 674 時間と自己 木村敏
- 1829 空間の謎・時間の謎 内井惣七
- 814 科学的方法とは何か 浅田彰・黒田末寿・佐和隆光・長野敬・山口昌哉
- 1986 科学の世界と心の哲学 小林道夫
- 1333 生命知としての場の論理 清水博
- 2176 動物に魂はあるのか 金森修
- 2166 精神分析の名著 立木康介編著
- 2203 集合知とは何か 西垣通
- 2222 忘れられた哲学者 清水真木

中公新書

科学・技術